첨단을 가는
일본의 나노과학 기술
21세기 신산업혁명의 주축이 되는
나노테크놀러지 최전선 기술

첨단을 가는
일본의 나노과학 기술
21세기 신산업혁명의 주축이 되는

나노테크놀러지 최전선 기술

塚田 捷(쓰가다 마사루)
東京大學 교수
河津 璋(가와즈 아끼)   공편
明治大學 객원교수

최 진 호
서울대학교 교수
이 희 철
한국과학기술원 교수   공역
변 문 현
충남대학교 명예교수

전파과학사

역자 서문

최근 IT, BT, NT 등 새로운 테크놀러지가 우리들의 관심을 끌고 있다. 이 중 NT(nanotechnology)는 21세기의 키 테크놀러지로서 전자공학, 정보통신, 바이오, 재료공학, 기계공학, 에너지, 생물공학, 환경, 의료 등등 광범위한 분야에서 커다란 발전이 기대되고 있다.

이러한 시기에 나노과학과 기술에 관한 좋은 책이 일본 동경대학 쓰가다(塚田捷) 교수와 현재 명치대학 객원교수인 전 동경대학 가와즈(河津璋) 교수에 의해 공편 출판되어 이 책을 공부삼아 읽어 보았다.

이 책은 '나노기술 최전선'이라는 제목 바로 위에 '21세기의 신산업혁명의 주축이 되는'이라는 강조의 말과, 그 옆에 '세계의 첨단을 가는 일본의 나노과학기술'이라고 부제를 붙일 만큼 이 분야 연구의 최전선에서 활약하고 있는 일본 연구원들의 핵심 내용과 현재의 연구 상황, 성과 그리고 앞으로의 전망 등등에 대해 다양하게 많은 지식과 노하우를 알려주고 있다.

즉 나노 구조에 있어서의 새로운 물질현상을 비롯하여 21세기 신산업혁명의 기축과학기술에 대한 이론 시뮬레이션과 주사터널현미경, 원자간력현미경, 나노 디바이스, 원자 스위치 등 22개 항목에 걸친 내용을 설명하고 중국, 유럽, 미국 등의 나노기술 연구개발의 현재 상황 등 세계 나노기술의 과거와 현재와 미래를 상세히 전개해 놓았다. 특히 중국의 나노기술 상황은 중국과학원 부원장이며 북경대학과 청화대학 겸임교수인 白春禮씨가 심혈을 기울인 조사내용까지 상세히 담겨 있으며, 미국의 연구개발 현황은 NNI의 활동 내용과 함께 많은 홈페이지를 소개하여 정보를 얻을 수 있는 방법을 제시하고 있다.

지금 전세계는 이 나노과학기술을 21세기 경제성장의 새로운 원동력으로 생각하고 있다. 마찬가지로 산업화를 강력히 추진하고 있는 우리도 이에 대한 연구 개발과 아울러 저변확대가 시급하다.

이 책의 출판을 흔쾌히 결정한 전파과학사 손영일 사장님께 감사하며, 제어공학 연구에 바쁜데도 원고를 정리하고 워드를 쳐준 충남대학교 대학원 박사과정의 이호영 군에게 감사한다.

2004년 2월
역자 최진호, 이희철, 변문현

차 례

제 3 부
세계 각국의 나노기술 - 과거, 현재, 미래

제 1 부

나노기술에 바라는 인류의 꿈

서장(序章)
21세기 신산업혁명의 기축(基軸)이 되는 과학기술

- 일본의 나노과학기술은 세계의 최첨단을 걷는다 -

1954년 미국의 유명한 물리학자 R. P. 파인먼(Feynman)(1965년 양자전자역학이론(量子電磁力學理論)으로 노벨상 수상)이 나노과학기술을 예언한 후, 1962년부터 일본의 구보(九保) 그룹은 금속의 초미세입자의 연구로 나노기술의 선구적 업적을 올리고 있다.

나노과학기술이라고 하면 나노 물리학, 나노 화학, 나노 생물학, 나노 재료학, 나노 전자공학, 나노 의학, 나노 가공학 등 다방면의 과학기술분야가 생각되지만 나노계측학(計測學)이 그 원점일 것이다. 주요 분석기술로서 TEM, HREM, STM, AFM 따위의 기술이 급속히 발전하면서 각종 현미경 개발이 진행되었다.

나노기술에 의한 경제효과는 광학, 의학, 반도체, 정보통신 분야에서 연간 500억\$ 경제규모의 상품이 생산되고, 2010년에는 1조4,400억

$이라는 막대한 금액이 될 것으로 예측하고 있다.

그러나 이것은 어디까지나 예측이다. 일찍이 18세기에 영국의 천재 물리학자 뉴턴은 말년에 유명한 남해 버블사건에 투기하여 큰 손해를 보고 정신적인 이상이 왔었다고 한다. 최근의 'IT 버블'은 결코 'IT 기술' 자체의 죄는 아니다. 그것은 인간의 끝없는 욕망이 가져온 것이다. '나노 버블'이 생기지 않도록 견실한 연구 개발이 필요하고, 나노과학 기술이 21세기의 큰 기초과학의 한 분야로 발전할 것을 기대한다. 그리고 일본에서도 '나노과학기술학회'를 세워 세계에 나노정보를 발신해야 할 것이다. 일본의 나노기술은 세계의 첨단을 걷고 있다고 해도 좋을 것이다.

0.1 나노기술(Nanotechnology)이란?

0.1.1 나노란 무엇인가?

최근 나노기술이라는 말을 듣는 일이 많아졌다. 그것은 연구원이나 기술자 사이의 대화 뿐만이 아니라 공상과학 소설이나 만화 속에도 등장하고 있다. 정부는 국가 과학기술 계획의 중점 시책으로서 나노기술을 적극적으로 추진하지 않으면 안 된다고 생각한다. 또한 신문, TV 등 매스컴에서도 화제로 취급하는 기회가 증가하여, 일반인들도 이 말을 들은 사람이 많을 것이다. 그러나 이 말이 가리키는 내용을 충분히 잘 이해하고 사용한다고는 생각되지 않는다.

이 책은 현재 여러 가지 나노기술 분야에서 세계적으로 가장 앞선 연구를 정력적으로 전개하고 있는 연구자가 초보자를 위하여 알기 쉽게 쓴 것으로서, 나노기술의 최전선을 소개하면서, 나노기술이란 어떤 것이고, 왜 그것이 미래를 개척하는 중요한 과학기술로서 주목되는지를 이해할 수 있도록 하였다.

0.1.2 나노는 '10억분의 1' 이라는 뜻

나노라는 말은 일반적으로는 10억분의 1을 의미한다. 밀리는 1000분의 1, 마이크로는 100만분의 1, 즉 밀리의 1000분의 1이고, 나노는 다시 그 1000분의 1로서, 나노미터, 나노 초 따위와 같이 쓴다. 나노기술은 나노미터 즉 100만분의 1 밀리미터 정도의 스케일 구조를 갖는 물질을 생성하고, 그 기능을 이용하기 위한 과학과 기술이다. 이와 같이 엄청나게 작은 세계는 볼 수도 만질 수도 없으므로, 일상생활에는 별로 인연이 없는 일이라고 생각할지 모른다. 그러나 이제부터 설명하는 바와 같이, 극미세(極微細) 세계의 물질 모양을 관찰하고, 그들의 성질을 명확하게 하여, 그것을 이용하는 것은 인류의 생존과 생활을 유지하기 위해 꼭 필요한 기술로 되어 가고 있다.

0.1.3 나노 세계는 일상적인 연구 대상

많은 과학자에게 나노의 세계는 매우 일상적인 연구대상의 세계임에 틀림없다. 왜냐하면 원자의 크기는 1나노미터의 10분의 1 정도이므로, 1나노미터는 작은 분자의 크기와 맞먹는다. 그러므로 분자나 여러 가지 물질재료를 원자 레벨에서 연구해온 과학자에게는 나노 구조를 갖는 물질의 세계는 이미 20세기 초부터 친근한 연구대상이었다고 할 수 있다. 그렇다면 이제와서 새삼스럽게 나노기술이라는 말을 도입할 필요가 있는가?

물론 어떠한 물질 재료도 원자나 분자로 구성되지 않은 것이 없지만, 그대로는 나노기술을 실현하는 소재나 나노기술의 주역인 전자가 활약하는 무대로는 되지 않는다. 나노기술을 실현하는 재료를 '나노구조'라고 부르는데, 그들은 나노미터의 치수로 특징적인 구조를 가지게 한 물질계(物質界)로서 그 구조는 어떤 방법을 써서 인위적으로 생성한 것이다. 자연에 존재하는 나노구조도 있을 수 있지만, 그 경우에는 원자레벨까지 그 구조가 특정(特定)되어, 그 구조와 관계되는 성질이나 기능이 명확하게 되어 있어야 할 필요가 있다.

나노구조는 그것이 가진 특별한 구조에 따라 유용한 기능을 끌어낼 수 있는 재료이지만, 많은 경우 재료의 성질을 집단으로 그저 이용하는 것이 아니고, 나노스케일 구조 단위에서 개개의 기능을 특별히 정하여 그들을 유기적으로 짜맞추어 이용하는 것이다.

따라서 나노구조를 무대로 하는 나노기술은 개개의 나노구조를 관찰하고 그 성질을 연구하는 주사(走査)프로브현미경 등의 실험 수법이 개발된 뒤에야 비로소 가능하게 된 것이라 그 역사가 새롭다.

0.1.4 나노는 이제 세계가 주목

나노기술이 현재 큰 주목을 끌어, 일본에서 뿐만 아니라 미국, 유럽, 중국, 대만, 한국 등 아시아 여러 나라가 국가적인 입장에서 추진하고 있는 현황은 이 책에서도 소개될 것이다. 그 이유는 정보통신, 일렉트로닉스, 첨단의료, 생명과학, 재료과학, 촉매나 연료전지(燃料電池) 등 광범한 고도 첨단 과학기술에 공통되는 과학기술의 공통기반(共通基盤)이 된다고 생각하기 때문이다.

클린턴 전미국 대통령이 연두교서에서 나노기술분야에 대규모 재정지원을 하여 국가적인 시책으로서 연구를 추진시키겠다고 내외에 밝힌 것은 2000년의 일이다. 하지만 나노기술이 탄생하기까지는 일본의 몇 개 연구 그룹이 이끌어온 선구적인 연구가 중요한 역할을 하고 있다.

'나노테크놀러지'라는 용어는 일본에서 만들어낸 말이라고 한다. 그러나 미국의 이러한 움직임은 놓쳐서는 안 될 하이텍 전략임을 의미한다. 세계에 큰 충격을 주는 것은 미국의 그 막대한 기술적 가능성 때문이다. 많은 나라들이 국가전략으로서 나노기술 개발을 중요한 과제로 잡고 거액의 예산을 계상하여 추진하도록 하고 있다. 일본의 연구체계는 이전부터 기초연구 레벨에서 여러 가지 우수한 연구가 이루어져 왔다. 그러나 지금부터는 응용연구의 영역에서 이 움직임이 확대되고 있다.

0.1.5 이 책은 새로운 나노분야를 대상으로 한다.

현재 '나노기술'이라는 말은 원래의 뜻과 다르게 확장 해석되고
있다. 예를 들면, 종래의 반도체 집적회로와 관계가 있는 초미세
가공기술도 '나노기술'로 자리잡혀가고 있다. 그러나 종래기술의
가공 한계는 100nm 정도에서 끝난다. 이 정도의 반도체 미세가공
기술의 진보에도 주목해야할 일이 많지만, 이 책에서는 보다 새로
운 나노기술 분야를 주 대상으로 하고자 한다.

0.1.6 IT 관련 전자통신기술, 생명과학기술, 환경기술,
에너지 이용기술 등에 필요한 나노기술

나노기술이 앞으로의 인류 생존과 번영을 위한 기본적인 기술
혁신에 이어진다고 기대되는 이유는, 제2부에서 각 분야별로 명백
하게 소개할 것이다. 21세기의 인류는 장기적으로는 의료, 에너지,
환경, 식량, 인구 등 여러 가지 문제를 안고 있다. 이들의 근본적
인 해결에는 물질이나 에너지의 제어를 원자 레벨에서부터 교묘
히 하여, 인류의 생활에 도움이 되게 하는 과학기술이 필요하며,
이것을 실현하기 위해서는 나노기술이 없어서는 안 된다고 생각
된다.

극히 가까운 미래만 본다고 해도, 정보혁명을 이끌어가는 전자
통신기술, 새로운 의약이나 의료기술, 식료생산 등과 관련되는 생
명과학의 기초, 환경기술, 태양에너지 등의 에너지 이용에 관한
기술 등은 나노기술에 의하여 획기적인 발전이 기대되는 예의 일
부에 지나지 않는다.

물질과 에너지를 원자 스케일에서 제어하고 이용하지 않으면
인류의 생존과 번영을 보증하는 기술적인 전망이 있을 수 없는
것은 많은 과학기술자에게 의심할 여지가 없는 일이다.

0.1.7 나노 종합과학기술은 '기초'와 '응용'의 결합

나노기술은 앞에서 말한 바와 같이 나노스케일의 물질 재료의 생성과 기능개발에 관한 첨단적인 과학기술을 가리키며, 여기에는 상당히 넓은 분야의 연구 영역이 포함된다. 물질현상의 원리에 대한 1개 1개의 과제를 해결하고 새로운 기술을 개발해가기 위해서는 물리학, 화학, 전자공학, 생명과학과 같은 여러 학문 영역과 협력연구가 필요하다. 기초연구와 응용기술의 전개는 밀접하게 협동하고 있어야 한다.

기초연구의 성과가 곧 바로 획기적인 기술혁신에 직결될 가능성도 있지만, 한편으로는 응용연구 현장으로부터 문제 해결 방법을 기초연구 부문에 새롭게 제기하는 일도 있다. 이런 의미에서 나노기술의 연구개발에는 기초와 응용과의 밀접한 협력관계가 대단히 중요한 요소이다.

0.2 나노구조의 새로운 물질현상

0.2.1 나노기술은 원자스케일의 물질현상을 대상으로 한다

나노기술은 원자스케일의 물질현상을 대상으로 하므로, 종래의 기술과 비교하여 새로운 물질계의 원리가 관계된다. 그 한 가지가 전자 등의 극미세입자(極微細粒子)가 나타내는 양자적(量子的)인 움직임이다. 극미세입자의 움직임은 뉴턴으로 거슬러 올라가는 친근한 고전적인 역학에 의하여서가 아니라, 20세기 초에 구축된 양자역학에 의해 지배된다. 양자역학은 원자나 분자의 성질이나 움직임을 이해하기 위한 기본적 이론이다. 양자역학의 원리에 의해 원자의 성질이 어떠한 것인지, 원자가 어떻게 분자나 물체를 형성하는지, 왜 어떤 종류의 물질이 자석이 되는지 등에 대한 물질의 여러 가지 성질도 이해할 수 있다.

전자의 양자성(量子性)의 한 설명의 예는 전자가 입자인 동시에 파동으로서 거동하는 것이다. 그 때문에, 원자 속에서 전자는 에너지가 정해진 정상상태로만 존재할 수 있으며, 결정의 표면에서 반사되는 전자는 회절효과를 나타낸다. 그런데 일반적인 재료를 이용할 때는 반도체의 벤드구조의 기원까지 거슬러 올라가는 것을 제외하고는, 그 정도로 물질의 양자성을 의식할 필요는 없다. 이것을 물질을 구성하는 넓은 영역에 걸친 다수의 입자가 양자성의 기원인 파동의 성질을 보기 어렵게 하고 있기 때문이다.

0.2.2 전자가 가진 파동의 성질

나노기술에서는 나노스케일 구조에서 나타내는 전자의 거동을 이용하는 일이 많다. 그러한 경우에는 전자가 파동으로서 거동하는 것이 직접 영향을 미친다. 전자의 파동 성질은 거시적 세계에서는 나타나지 않는 경우가 많다. 이것은 전자가 다른 전자와의 불규칙한 충돌이나 물질을 구성하는 이온과의 충돌로 에너지를 주고받고 하면, 파동으로서의 위상이 흐트러져 간섭성이 상실되기 때문이다.

그래서 전자가 파동으로 거동하는 것은, 그러한 간섭성을 잃는 비탄성 충돌(非彈性衝突)이 일어나지 않는 극히 좁은 공간 영역에 한정된다. 따라서 보통 크기의 물질에서는 전자의 파동성이 직접으로는 거의 나타나지 않는다. 그러나 나노스케일 물질 중에서는 전자는 충분한 간섭성을 가지고 파동으로서도 입자로서도 거동한다. 이 때문에 나노구조에서는 특유의 흥미로운 현상이 관찰된다.

0.2.3 양자화(量子化) 콘덕턴스의 예

양자화 콘덕턴스의 예를 들어본다. 단면(斷面)이 단 몇 개의 원자로 구성된 원자 세선(細線)의 콘덕턴스를 측정하면, 그 값은 12.9kΩ의 역수(逆數)를 단위로 하여 그 정수배(整數倍)의 값을 취하는 경우가 많다. 이것은 전류의 양자화된 통로(channel) 한개 한개의 콘덕턴스가 상기(上記)의 양자화 단위에 해당하여, 양자화 단위에 곱해지는 정수치(整數値)는 열린 채널의 수를 나타내는 것으로 이해할 수 있다. 이와 같이 콘덕턴스의 값이 양자화 되는 것은 보통 크기의 재료에서는 있을 수 없는 나노스케일계의 특유한 현상이다.

0.2.4 클러스터의 성질에 나타나는 뚜렷한 양자성

또 하나의 예로서, 클러스터(마이크로 클러스터라고도 한다)의 성질에 나타나는 현저한 양자성에 대해 설명한다. 클러스터라는 것은 원자의 수가 수개에서 수천, 수만에 이르는 원자의 덩어리(집단)인데, 그 특징의 하나로서 알칼리 클러스터(alkali-cluster)에서 볼 수 있는 마법수(魔法數)가 있다. 원자수가 마법수로 되어 있는 클러스터는 안정되고 높은 수율(收率)로 생성되는데, 여러 가지 물성량(物性量)도 크기의 함수(函數)로서 마법수의 크기로 특별한 성질을 나타낸다.

이것도 클러스터 내부의 전자의 양자적 운동의 명료한 표현이다. 즉, 이와 같은 클러스터 내부의 가전자(価電子)는 금속의 전도전자가 그런 것과 같이 개개의 이온에 속박되지 않고 클러스터의 전 영역을 자유로 연동(連動)하고 있다. 그런데 그 운동 영역은 유한이므로, 전자는 그 운동에 대응하는 물질파가 안정파로서 공명(共鳴)조건을 만족시키는 특정 에너지 밖에 취할 수 없다. 이것을 에너지 준위(準位)라고 하는데, 클러스터의 형상을 구상(球狀)이라고 하면, 어느 에너지에는 복수의 준위가 집중하여(이것을 축중준위(縮重準位)라고 한다), 그보다 에너지가 높은 준위와의 사이에 큰 에너지 차가 생긴다.

전자는 가장 얕은 준위에서 한 개의 준위당 2개씩 수용되어 간다. 거기서 클러스터의 구성원자로부터 공급되는 가전자의 수가, 다중(多重)으로 축중(縮重)된 준위를 완전히 채우도록 되어 있으면, 그와 같은 크기의 클러스터에서는 전자계의 에너지가 상대적으로 현저하게 안정화됨을 보인다. 이 조건이 마법수이다. 이와 같이 클러스터의 성질은 그 구성 원자수에 매우 민감한데, 그 기원은 클러스터 내의 전자의 양자적 거동, 즉 다중의 축중을 이루는 에너지 준위의 존재에 귀착한다. 이것은 매크로 크기의 재료에서는 절대 볼 수 없는 현상이다.

0.2.5 나노 구조계를 특징지우는 중요한 성질의 하나

위의 예에서 본 바와 같이 나노구조계를 특징지우는 중요한 성질의 하나는 현저한 양자성의 발현이다. 이것은 역으로 나노구조의 성질이 그 양자성 때문에 구성 원자수나 원자종(種 seed)의 공간배치에 민감하다는 것을 의미한다. 반도체 기술에서는 불순물을 결정 중에 도입하는 것이 트랜지스터 등 여러 가지 디바이스(device 소자)를 만드는데 중요하지만, 그 농도의 분포는 원자 스케일로 제어할 필요가 일반적으로 없다. 그러나 나노스케일 구조에서는 불순물 원자 한개 한개의 위치가 틀리면 전자적인 특성이 큰 영향을 받는다. 이것은 위에서 말한대로 나노구조계의 전자가 양자역학적으로 거동하기 때문이다.

이것은 진짜 나노스케일 재료에서는 종래형의 불순물 도핑

(doping)과 같은 반도체기술의 개념이 그대로 통용되지 않는 것을 의미한다. 이 이외에도 전자선, X선, 이온 등을 쓰는 반도체 미세가공 수법은 그 프로세스상의 양자역학적인 한계 때문에 큰 변경을 해야 한다. 그 때문에 큰 재료를 잘라서 작게 하는 탑다운(top-down)적인 방법이 아니라, 정해진 원자배열 구조를 가진 분자를 재료 단위로 하여, 이것을 부분품으로 한 디바이스를 만드는 바틈업(bottom-up)적인 수법이 더 중요해질 것으로 생각하고 있다.

0.2.6 나노기술의 기본적인 문제

나노구조재료를 생성하기 위한 문제는 앞에서 말한 바와 같이 재료의 구조를 원자레벨에서 보았을 때 불확정한 상태로 되어 있고, 원자레벨까지 구조를 규정한 다수의 나노구조 요소를 어떻게 집적하고, 전체 기능을 어떻게 발현시키는가가 나노기술의 기본문제라고 할 수 있다.

재료를 구성하는 원자의 열 흔들림(heat fluctuation)도 본질적인 문제이다. 재료 내의 원자는 열적으로 요동하거나 열확산하고 있으며, 또 나노구조 속에 원자레벨의 결함이 생겨날 수 있다. 이들 열 흔들림에 저항하여 더욱 희망하는 기능을 발현시키는 방법을 생각할 필요가 있다.

그런데 한편으로 자연계에서 생체의 물질현상으로 관찰되는 바와 같이, 열적 엔트로피(entropy) 효과에도 불구하고 나노스케일로 한 방향으로 현상이 진행되는 일도 있을 수 있다. 이것은 비평형개발계(非平衡開發系)에 내재하는 특별한 확률과정과 관계된다고 생각된다. 이와 같은 자연의 물질계, 특히 생체관련 나노물질에서 볼 수 있는 기초(소, 素)과정의 원리를 해명하여, 열흔들림 속에서 왜 희망하는 방향으로 기초과정이 진행하는가를 이해하는 것은,

전에 말한 기본문제를 해결하는 단서가 될 것이다. 이와 같은 기초(소)과정을 체계적으로 설명하는 통계물리학은 아직 없으므로, 이것은 기초물리학의 한 문제제기라고 할 수 있다.

0.3 이 책의 구성

0.3.1 이 책은 나노기술의 최전선을 다룬다

이제까지 설명해 온 것으로부터 추측할 수 있는 바와 같이, 나노기술은 기초에서 응용까지 넓은 단계에 걸쳐, 그리고 정밀과학의 광범위한 영역에 걸쳐 전개하지 않으면 안 되며, 또한 분야간의 강력한 협력 제휴가 필요하다.

이 책은 나노기술 모두를 망라하여 해설하는 것을 목적으로 하고 있지 않다. 그와 같은 시도는 급격하게 발전하고 있는 나노기술의 현상으로 봐서 불가능에 가까운 일이다. 그러므로 이 책에서는 오히려 몇 개의 중점 항목을 들어내어 나노기술의 최전선을 소개하면서, 나노기술이란 무엇인가를 이해하는데 도움이 되도록 기초지식을 주는 것을 목적으로 하였다.

나노기술의 기초가 되는 측면으로 다음 5항목을 들 수 있다.
  (1) 각종 나노구조계의 설계와 생성
  (2) 구조의 관찰과 성질의 측정
  (3) 기초원리의 구축과 이론해석
  (4) 기능의 예측과 발현
  (5) 실용연구의 전개

또한 (1)에서 거론해야 할 나노구조계의 종류는 다양하겠지만 이 책에서는 다음에 관하여 설명한다.

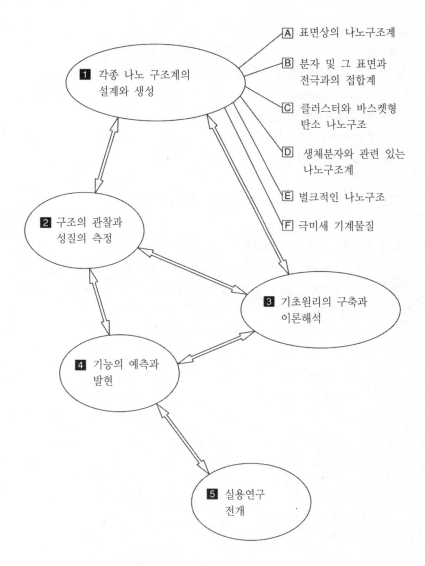

그림 0. 이 책에서 다루는 나노기술의 중점 항목

(A) 표면상의 나노 구조계

(B) 분자 및 그 표면이나 전극과의 접합계

(C) 클러스터 및 바구니(basket)형 카본 나노구조 (carbon nanofabrication)

(D) 생체 분자와 관련되는 나노구조

(E) 벌크(bulk)적인 나노구조

(F) 극미세 기계물질

그림 0은 이들의 상호관계를 나타낸다.

0.3.2 제2부에서 다루는 각 항목표

제2부에서 각 절이 상기한 각 항목 중에서 어느 것을 중심으로 다루는지를 정리한 것이 표1이다. 단 항목(1) 설계와 생성은 (A)에서 (F)까지 6개의 계(系)로 세분되어 있다.

표 1

1	이론 시뮬레이션	(3)
2	STM과 표면 나노구조	(2)
3	원자간력현미경	(2)
4	나노 디바이스	(3),(4)
5	원자와이어	(A),(3),(4)
6	나노 스위치	(A),(B),(2),(4)
7	나노 자성	(A),(2)
8	나노스핀트로닉스	(A),(4),(5)
9	클러스터	(C),(2),(4)
10	탄소나노튜브	(C),(4),(5)
11	플러렌	(C),(2),(4)

12	유기 무기 하이브리드 나노재료	(B),(2)
13	단분자 일렉트로닉스	(B),(2),(3),(4)
14	단분자 광제어전자계	(B),(2),(3)
15	양자정보, 양자계산	(3)
16	나노전기기계시스템	(F),(4),(5)
17	DNA 마이크로어레이	(D),(5)
18	바이오 분자 디바이스	(D),(2),(4)
19	드럭 델리버리 시스템	(D),(4)
20	나노구조 제어 촉매	(A),(4),(5)
21	나노 다공체	(E),(4),(5)
22	금속 나노 조직제어	(E),(2),(5)

(주) (1) 설계와 생성, (2) 구조관찰과 물성 측정, (3) 원리와 이론해석, (4) 기능 예측
과 발현, (5) 실용연구
(A) 표면상의 나노구조, (B) 분자 및 그 표면이나 전극과의 접합계, (C) 클러스
터 및 바구니형 탄소 나노구조, (D) 생체 분자관련 나노구조, (E) 벌크적 나노
구조, (F) 극미세 기계물질

0.3.3 나노구조를 연구하는 원점

-노벨상을 받은 주사프로브현미경(走査探針顯微鏡)의 발명-

나노구조를 연구하는 원점은 개개의 구조를 실제 공간에서 직
접 관찰하는 것이다. 이것은 주사형프로브현미경의 발명으로 비로
소 가능해졌다. 최초의 주사프로브현미경은 주사터널현미경이다.
이것은 노벨상을 수상한 로러(Rohrer)와 빈니히(Binnig)에 의해
1982년에 발명되었다. 주사프로브현미경은 표면의 원자상의 관찰
뿐만 아니라 전자상태나 접촉전위차, 원자간력(原子間力)의 분포,
등 물성량을 원자 스케일의 분해능으로 측정하게 했다.

또한 표면상의 원자나 분자를 뽑아내거나, 이동시키거나, 부여
하거나 하여 원자 스케일의 물질제어를 가능하게 하였다. 따라서

나노기술의 개막은 주사프로브현미경에 의해 이루어졌다고 해도 좋을 것이다.

이 책에서는 많은 주사프로브현미경 중에서 가장 기본적인 주사터널현미경과 원자간력현미경을 제2부 2, 3장에서 다룬다. 그런데 나노구조의 계통적 생성을 가능케 하는 설계된 화학과정 및 나노구조의 안정성이나 제어법, 또한 나노구조의 여러 가지 성질이나 기능을 이론적으로 해석하는 것은 실험 연구와 나란히 나노구조 연구의 중요한 접근이며, 나노기술의 공통기반 기술로서 빠질 수 없다.

따라서 이 책의 제2부 1장에서 이론적인 접근법을 소개한다. 나노구조 중에서도 전자수송현상, 스핀수송현상, 나노자성(磁性)의 발현, 광학과정과 전자과정의 결합 등은 전자적, 자기적, 광학적 나노 디바이스의 개발과 서로 관계를 가지고 활발히 연구되고 있는 분야이다. 계(系)로서는 여러 가지 클러스터, 원자세선(原子細線)이나 분자의 가교(架橋) 구조가 유력시 되고 있다. 이들에 관련된 주요 내용은 4, 5, 6, 7, 8, 9, 13, 14장에서 설명한다.

탄소원자로부터 이루어지는 바구니(basket)형 나노구조도 전술할 전자과정에 바탕을 둔 디바이스 요소로서, 최근 주목되어 실용화까지 시야에 넣고 연구를 진행하고 있다. 이와 같은 나노재료의 대표는 플러렌과 탄소나노튜브이다. 이들에 대한 학문적인 흥미를 중심으로 해설한 것이 10, 11장이다.

양자정보와 양자계산은 양자역학의 기본적인 성질을 정보처리에 직접 이용하려고 하는 극히 흥미있는 분야이다. 이것을 실현하는 무대로서 나노구조계에 대한 기대가 높아지고 있는데, 이에 대한 현재 상황은 15장에서 설명한다.

0.3.4 자연의 기능 단위인 분자를 이용한다

탑다운(top-down)적으로 큰 재료를 미세하게 깎는 방법은 바라는 나노구조를 얻기 위한 좋은 방법이 되지 않는다는 것을 이미 설명했지만, 그것에 대신하는 바틈업(bottom- up)법에서는 자연의 기능단위인 분자를 이용하는 것이 필요하다. 예를 들어 전자 디바이스의 단위로 이용하는 분자 일렉트로닉스에서는 필연적으로 무기재료와 유기재료를 화학적으로 결합한 계(系)를 생성하게 된다. 이 방면에 대한 최전선의 연구는 12장에서 소개한다.

나노구조가 가장 유효하게 기능을 할 것이라고 기대되는 분야는 전기화학이나 촉매과학이다. 경험에 의한 촉매계(觸媒系)의 탐색만이 아닌, 나노스케일 구조를 전략적으로 설계하고 이를 이용하는 방법이 촉매화학의 새로운 지평을 열 것으로 기대하고 있다. 이 분야의 현황은 20장에서 소개한다.

나노머신의 실현에는 나노구조계의 역학적 기계적 성질을 필요에 따라 전기적 자기적 성질과 짜맞추어(조합하여) 이용하는 종합기술이 필요하며, 여러 가지로 응용전개가 기대된다. 그 사항은 16장에서 소개한다.

DNA나 단백질, 광합성 분자계 등의 생체 관련 분자는 그 자신 놀랄만한 기능을 발현하는 자연적 나노구조계이다. 이와 같은 나노구조에서 많은 것을 배울 수 있겠지만, 한편으로는 이것을 적극적으로 이용하여 생명과학이나 다른 관련 기술을 비약적으로 진전시키는 것이 중요하다. 이런 관점은 17, 18, 19장에서 다룬다.

나노구조에는 표면 위에 형성되는 것과 물질 전체가 특징적인 나노스케일 구조로 이루어진 것이 있다. 그 전형적인 것은 21장에서 설명하는 나노포러스재료(nanoporous materials, 나노다공질재료)이다. 이것은 나노스케일로 연결된 구멍과 그것을 둘러싼 벽으로 이루어진 물질인데, 기초적으로나 응용적으로 여러 가지 가능성을 갖고 있는 흥미있는 물질군이다. 이처럼 흥미있는 물질은 나노스케일의 불균일한 조직을 가진 합금계나 세라믹스계로서, 우수한 성질을 갖는 획기적인 구조재료로서 주목되고 있다. 이들에 대해서는 22장에서 소개한다.

마지막으로 제3부에서는 세계 각국(유럽, 미국, 중국 등)의 나노 기술 연구에 대한 현재 상황과 장래 전망을 다루었다. 미국, 일본의 뒤를 쫓아오는 중국의 나노연구 현재 상황은 중국과학원 부원장으로 나노분야의 총괄자인 백춘예(白春禮)씨에게 직접 집필해 받았다. 금후, 일중(日中) 과학기술의 공동연구가 진행될 경우, 일본 유학 경험을 가진 그는 가장 유력한 멤버가 되리라 생각한다.

제 2 부
나노기술의 기반이 되는
핵심 내용

- 21세기 고도 과학기술의 주축이 되는
나노 과학기술 -

미국 IBM의 주임연구자 Armstrong은 "1970년대에는 마이크로 전자기술이 정보혁명을 발생시켰지만, 21세기는 나노 과학기술이 정보시대의 기본축으로 된다"라고 예상하고 있다. 나노 과학기술이 인류사회에 주는 영향은 전자기술을 훨씬 뛰어넘는 것이다.

주사터널현미경(STM)은 1981년 빈니히(Binnig)와 로러(Rohrer)가 발명하고 1986년에 노벨 물리학상을 수상했다. 이 발명이 나노과학기술의 진보에 미친 역할은 크다. 나노 약물을 이용하면 모세혈관을 잘라내고 암세포를 아사(餓死)시키는 것이 가능해진다고 한다. 나노과학기술은 정보과학기술, 의과학, 환경·에너지 과학기술, 생물과학기술, 농업과학기술 등 각 분야의 과학기술과 통합하여 인류의 오랜 꿈을 실현할 것이다.

제1장
이론 시뮬레이션

1) 제일 원리계산
3) 몬테 카를로법(Monte Carlo Method)
5) 이론 시뮬레이션

2) 고전분자동역학
4) 밀도범함수법(密度汎數法)
6) 병렬분산처리(並列分散處理)

포인트는 무엇인가?

 나노미터 영역에서는 재료개발에서 실험적인 방법만으로 재료의 내부구
조나 성능을 해석 · 평가하기가 어렵다. 최근 놀랍게 발달된 컴퓨터를 구사
하여 나노구조물의 생성 반응이나, 원자 스케일의 구조를 예측하고 기대되
는 성질과 기능을 시뮬레이션하는 것이 가능해졌다. 이러한 이론 시뮬레이
션 방법으로 나노기술을 효율적으로 개발할 수 있다.

1.1 여러 가지 이론 시뮬레이션법

 나노구조재료는 희망하는 성질을 발현하도록 원자 스케일로 구
조가 제어된 계이다. 이와 같은 구조를 창제하는 생성방법, 실현
하여 얻는 원자 스케일 구조 및 기대되는 물성이나 기능의 이론
적인 예측과 해석을 컴퓨터를 구사한 수치 시뮬레이션으로 실행
하는 것은 실험연구와 함께 나노구조의 과학에 있어서 기본적인
중요 연구 수단이다. 나노구조에 있어서는 양자효과가 지배적이므

로, 이것을 정량적으로 기술하는 제일원리계산이나, 원자수가 큰 계에 대한 고정도 고신뢰도(高精度 高信賴度) 계산법이 중요하다. 어떤 성질을 어디까지 설명하느냐에 따라 여러 가지 방법이 쓰이고 있다. 다음에서 대표적인 것을 설명한다.

1.1.1 제1원리계산(第一原理計算)

원자배열구조에 기초를 둔 나노재료 연구에서 제일원리에 의거한 이론계산에서는 여러 가지 환경하에서 자유자재인 원자의 짜맞추기(조합)에 관해 정확히 예측할 수 있으므로, 그 결과가 주는 역할은 크다. 나중에 설명하는 밀도범함수법이 표준적인 방법이지만, 전통적인 비경험적 양자화학계산도 있다.

제일원리 계산의 특징은 실험적인 지식을 필요로 하지 않고 양자역학의 기초방정식에서 계(시스템) 중의 전자상태를 결정하고 이것에서부터 원자간에 작용하는 힘을 구하면서 안정구조를 결정하는 점에 있다. 또한 여러 가지 물성양(物性量)도 동시에 계산할 수 있다. 계의 동적성질(動的性質)이나 반응과정, 안정구조의 결정 등을 계통적으로 시행하는 방법은 제일원리 분자동역학법(分子動力學法)이라 부른다. 즉 각 순간마다 계산한 전자상태에서 계 내의 각 원자에 작용하는 역장(力場)을 구하고, 이것에 따라서 원자의 운동을 추적하여, 계의 시간발전(時間發展)을 시뮬레이트 한다. 원자 스케일계의 이론 예측에는 밀도범함수법이 최적이지만 계산량이 대단히 많기 때문에 현재의 방법과 컴퓨터 성능으로는 높아야 수백 개 원자가 실용적인 한계로 되어 있다.

1.1.2 고전분자동역학법(古典分子動力學法)

계 내의 다수 원자의 운동을 고전운동방정식의 수치 적분(數値

積分)으로 결정하고, 계의 시간발전을 추적하는 방법이다. 이 방법에서는 원자 사이에 작용하는 힘이 제일원리적이 아니라 현상론적인 모형에 따라 주어진다. 수만에서 수십만 원자의 집단에 관하여, 각 원자의 운동을 결정하고 그 계에 일어나는 여러 가지 통계현상이나, 과도현상, 극단조건에서의 상전이(相轉移), 파단(破斷), 마찰, 윤활 등 마크로 현상의 원자론적인 묘상(描像)이 얻어진다.

또한 시뮬레이티드 애닐링(simulated annealling)이라는 방법으로 고온상태에서 저온상태로 서서히 온도를 내려 시뮬레이션하여 계의 안정구조를 결정하는 일도 할 수 있다. 고액계면(固液界面)의 성질, 재료의 생성과정, 파단, 마찰 등 나노스케일 현상의 해석에는 수십만 이상의 원자로 이루어진 계에서 마이크로초 정도의 시간발전을 쫓는 시뮬레이션이 필요하다. 이것을 위해서 제일원리법으로는 계산시간이나 기억용량 등의 점에서 계산이 어렵지만, 현상론적인 원자간력 모델에 기초를 둔 분자동역학법에서는 이론 시뮬레이션법이 가능하다.

1.1.3 몬테 카를로(Monte Karlo)법

다수의 입자를 포함한 계 내의 각 원자 위치에 따른 에너지를 간단한 모형으로 만들고, 여러 회에 걸친 원자 위치의 변경을 에너지 변화를 기초로 한 난수(亂數)를 써서 확률적으로 하는 시뮬레이션법이다. 이것은 메트로리포리스법이라 불리나 그 원리는 통계역학적인 기초로 되어 있다. 이 방법으로 추적할 수 있는 것은 운동방정식에 따른 시시각각의 계의 시간발전이 아니고, 통계적 조화를 이룬 조합으로서의 계의 시간변화에 지나지 않으나, 다수 원자집단의 매우 긴 시간 스케일에 걸친 거동을 기술할 수 있다. 평형계(平衡系), 비평형계 및 다수의 입자가 관계되는 시간발전현상(時間發展現象)의 설명에도 적합하다.

1.2 밀도범함수법(密度汎函數法)이란

제일원리계산 중에서도 응축계(凝縮系)의 계산에서 주역을 하는 것은 밀도범함수법이다. 이것은 다음의 호헨베르그(Hohenberg)와 콘(Kohn)의 정리(定理)에 기초를 두고 있다.

1.2.1 Hohenberg와 Kohn의 정리

1) 계의 기저(基底)상태에 축중(縮重)이 없으면, 기저 상태의 전자밀도는 공간 분포와 외장(外場, 전자 이외로부터 유래되는 장, 예를 들면 원자핵의 포텐셜 등)과는 일대일로 대응한다.

2) 현실에 주어진 외장 속에서 실현되는 전자밀도분포는 범함수로서 전에너지를 최소로 한다.

전에너지 범함수에 나타나는 상관(相關)·교환에너지 항은 전자의 양자통계성과 전자간의 다체(多體)상호작용에 기인 하지만, 밀도범함수법의 특징은 이것을 균일한 장 내부의 전자계에 관한 식(式)으로 다루는데 있다. 실제로 전자상태를 수치계산하는 데는 전자밀도를 일전자궤도에서 전개하여, 변분조건(變分條件)에서 얻어지는 전자궤도에 대한 고유치방정식(固有値方程式)을 푼다. 그때 축차근사법(逐次近似法)에 의하여 전자포텐셜과, 계산결과에서 얻어지는 전자밀도를 자기무당착(自己無撞着)으로 한다. 의(擬)포텐셜법과 평면파전개법(平面波展開法)을 써서 계산하는 일이 많다. 제일원리 분자 동역학법(카파리네로법)을 쓰면 고유치방정식을 행렬의 대각화(對角化)에 의하여 푸는 것보다도 훨씬 효율적으로 계산할 수 있다.

1.3 밀도범함수법에 의한 이론 시뮬레이션의 예
Si(001) 표면과 물의 상호작용

고체 표면의 물분자의 움직임은 반도체 습식(濕式)공정의 제어
는 물론, 고액계면(固液界面)의 원자론을 연구하는 데에도 중요하
다. 이 계에서는 물분자와 표면간의 흡착력과 물분자 끼리의 수소
결합력이 서로 싸운다. Si(001) 표면의 물 클러스터의 흡착상태나
해리(解離)현상이 제일원리분자동역학법에 의해 이해되고, 그 결과
표면상에서 물이 보이는 뜻밖의 거동이 명백히 되었다.

고립된 한 개의 물분자는 Si(001)표면상에서, 다이머(dimer) 열
(列)의 중간이 약한 흡착측면이나 다이머가 가라앉은 원자 위의
강한 측면에 흡착하는데, 그 가까이에 다시 다른 물분자가 부착하
면, 흡착에너지가 현저하게 증가하는 것이 시뮬레이션으로 나타났
다. 이 상황에서는 물분자가 수소원자를 중계(릴레이)하여 용이하
게 해리흡착이 진행한다. 즉 첫째 물분자에서 둘째 물분자로 수소
원자가 중계되고, 이와 동시에 두 번째 물분자의 수소원자가 해리
하여 기판 Si에 흡착되는 '프로톤 릴레이형 해리'가 일어나는 것이
제일원리적인 계산에서 처음으로 명백하게 되었다(주1).

1.3.1 수소 종단(終端) Si(001)면에 형성되는 원자세선의
구조와 자성

Si(001)표면에 수소를 흡착시키면 다이머(dimer, 2량체)를 구성하
는 Si 원자는 수소원자를 1개 흡착하여, 화학적으로 불활성으로
된다. STM 탐침을 써서 다이머 열에 따라 수소원자를 빼내어, 금
속원자를 소량 흡착시키면 댕글링 본드(dangling bond)의 열(列)에
이종금속이 박힌 금속세선이 형성된다. 밀도범함수법 계산에 의해

이와 같은 원자세선의 구조와 자성상태가 예측되고 있다.

As 원자세선의 경우, 브류안역(Brillouin zone) 전체가 평탄한 벤드(띠)로 된다. 이 평탄한 벤드에 K 원자를 함께 흡착시켜, 평탄성을 망가트리지 않고 전자를 도프(dope)할 수 있다. 이와 같은 평탄 벤드에서는 여러 가지 다체적(多體的)인 전자간 상호작용에 따르는 흥미 깊은 성질이 기대된다. 예를 들면 평탄벤드에서 강자성 상태가 출현하는 것이다. 실제적으로 수소종단 Si(001)면의 As 원자세선계에 K를 도프하면 강자성 상태가 나타날 가능성이 보였다.

1.3.2 주사형 프로브 현미경의 이론 시뮤레이션

주사터널현미경, 원자간력현미경 등은 나노재료의 원자 스케일 구조를 해석하는 중요한 실험장치이다. 실험 결과를 해석하기 위한 밀도범함수 계산을 이용한 제일원리적 시뮬레이션법이 개발되어 성공을 거두고 있다. 즉 주사터널현미경에서 시료 표면의 전자 국소상태 밀도는 그곳에 탐침 끝 원자가 있을 때의 터널전류에 거의 비례한다. 따라서 밀도범함수법으로 전자상태계산을 하면 그 결과로부터 주사터널현미경상을 시뮬레이션할 수 있다. 탐침의 구조 효과까지 포함한 터널전류의 계산도 되어, 터널전류는 탐침 끝 부분에 있는 한 개의 원자에 강하게 집중되고 있는 것도 확인되었다.

비접촉형 원자간력현미경의 밀도범함수법 계산에 의한 시뮬레이션법도 최근 개발되었다. 이 방법으로는 탐침과 표면간의 상호작용 에너지를 표면의 외측 영역에서 계산하고 이것을 기초로 하여 상(像)을 구성한다. 예를 들면, 공명 주파수의 차이(엇갈림)에 의해 상이 구성되는 경우, 이 주파수의 차이가 탐침과 표면간의 힘을 반환점으로부터의 거리를 제곱근하여 그 역수를 곱하고 적분하여 얻은 것을 이용한다.

1.4 장래의 과제는 무엇인가

밀도범함수법에 의한 제1원리 계산에서는 수백개의 원자계가 현재의 한계이지만, 나노구조계에서는 적어도 수천 정도의 원자로 되는 계에 관한 계산이 필요하다. 이 때문에 병열분산처리, 프로그램의 고효율화 등 계산알고리즘, 소프트웨어 등의 개발이 중요하다.

고전 분자동역학법에서는 제1원리계산을 기초로 하는 원자간력의 데이터베이스 완비, 대규모 계산으로 특화한 병열분산처리형 전용계산기의 개발이 급선무이다. 제1원리계산의 종래형 알고리즘에서는, 계산규모는 원자수 N의 3제곱에 비례하고 대규모 계에 대한 적용은 곤란하다. 이것을 극복한 오다(N)법의 알고리즘을 개발할 필요가 있다. 실공간 유한요소법 등, 밀도범함수법 계산을 고효율 병열처리할 수 있는 방법을 개발할 필요도 있다.

<참고문헌>

(주1) K. Akagi and M. Tsukada, Theoretical study of the hydrogen relay dissociation of water molecules on Si(001) surfaces, Suface Sci., 438 (1999) 9.
塚田捷著 「表面物理入門」 東京大學出版會

(塚田捷)

제2장
주사터널현미경(STM)과 표면 나노구조

1) 탐침과 시료   2) 터널효과
3) 터널전류   4) 측정장치

포인트는 무엇인가?

　1981년에 발명된 주사터널현미경(scanning tunneling microscope: STM)
은 고체의 표면을 원자적 분해능으로 직접 관찰하는 일을 처음으로 할 수
있게 하였다.

　주사터널현미경은 끝이 대단히 예리한 탐침을 시료 표면에 접근시켜 양
쪽 사이를 흐르는 전류(터널전류라고 한다)를 측정하여 시료 표면의 원자
적 배열이나 전자상태를 원자적인 분해능으로 측정할 수 있는 장치이다.

　STM의 주요부는 끝이 뾰족한 탐침이다. STM의 구성은 이와 같이 극히
간단하지만, 이와 같은 장치가 실현되기까지 많은 관련기술의 개발, 진보
가 필요했다. 다음에 그 원리와 장치, 측정 예 및 응용에 관해 설명한다.

2.1 측정의 원리

2.1.1 탐침과 시료 사이의 터널전류를 이용

　STM에 있어서는 탐침과 시료 사이를 흐르는 터널전류를 이용
한다. 측정시 탐침은 시료에 극히 가까운 거리(1nm 정도, 몇 개의

원자를 나란히 세울 수 있는 간격)까지 접근시킨다. 그러나 이와 같은 거리까지 접근시켜도 탐침과 시료는 진공 혹은 공기에 의해 나누어져 있으며, 이 사이는 절연층이기 때문에 우리의 일상적(고전적) 감각으로는 둘 사이에 전류의 원인이 되는 전자의 흐름이 일어날 수 없는 것이다.

그러나 이와 같은 원자 영역의 현상을 다루는 데는 양자역학이라는 이론체계에 의하지 않으면 안 된다. 이 이론에 따르면, 전자는 파동의 성질을 가지고 있다. 이 파동의 성질에 따라 탐침과 시료 사이에 있는 절연층(에너지적인 장벽)을 전자가 투과하므로써 터널전류가 흐른다.

터널전류는 장벽의 두께 변화에 극히 민감하다. 탐침을 시료면에 따라 이동시켰을 때, 탐침과 시료의 거리가 변화하면, 둘 사이에 흐르는 전류가 그 간격의 변화에 따라 크게 변화한다. STM은 이것을 이용하여 표면의 형상 변화를 고감도로 측정할 수 있게 한다.

2.1.2 양자역학적 효과인 터널현상과 고전역학

여기서 양자역학적 효과인 터널현상을 고전역학에 의한 경우와 비교하여 개략적으로 설명한다.

그림 1의 (a)에 표시한 것과 같이 매끈한 책상 위에 완곡하게 높이가 변화하는 높이 h의 산을 만들어, 그 산을 향하여 좌측에서 물체를 속도 v로 보낸다고 생각한다. 물체가 산을 넘어 우측으로 진행하기 위해서는 산의 정상에 도달하는데 필요한 속도(또는 에너지 E)보다 더 큰 에너지 E_k를 물체에 주지 않으면 안 된다. 이 때 산은 충분한 힘을 갖지 않고 운동하는 물체에 대하여 그 물체가 통과하는 것을 방해하는 장벽이 된다.

물체의 질량을 m, 중력가속도를 g라고 하면, 산의 정상에 도달하는데 필요한 에너지(포텐셜 에너지라고 부른다. 이것이 물체의 운동에 대한 에너지적인 장벽이다) E는 다음 식으로 나타내어진다.

$E = mgh$ (식)

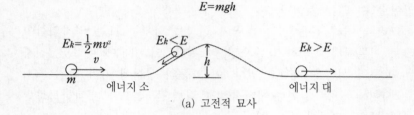

(a) 고전적 묘사

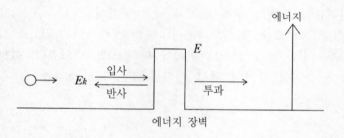

(b) 양자역학적 묘사
그림 1

한편, 물체가 어떤 속도 v로 산을 향하여 운동하고 있을 때는 그 속도에 따라 에너지 E_k를 갖는다 (그 에너지는 $E_k = \frac{1}{2} mv^2$로 주어진다).

우리가 경험하고 있는 일반적인 세계에서는 물체가 산을 넘는데 필요한 에너지를 갖고 있지 않으면, 물체는 결코 산을 넘어 우측으로 진행할 수 없다. 에너지가 불충분하면 산으로 향했던 물체는 도중에 힘을 잃고 원점으로 되돌아오고 만다.

2.1.3 터널효과

그러나 양자역학적인 효과가 뚜렷하게 나타나는 전자의 세계에서는 상황이 다르다. 전자의 경우, 그 운동에너지 값보다 더 큰 에너지 장벽 영역에 전자가 입사해도 (즉, 일상적인 세계에서는 전자가 통과해 빠져나가는데 필요한 충분한 에너지를 가지고 있지 않아도), 모든 전자가 반사되어 원점으로 되돌아오는 것이 아니고, 어떤 확률로 일부 전자는 에너지적인 산(장벽)을 뚫고 나가 진행한다.

이것을 에너지의 대소관계로 비교하면 그림 1의 (b)와 같이 된다. 이 현상이 터널효과이다(역으로, 물체의 에너지가 장벽의 에너지보다 더 크면, 고전적인 경우에는 물체는 반드시 그 산을 넘어 반대쪽으로 진행한다. 그러나 전자의 경우에는 충분히 큰 에너지를 가지고 있어도 반사가 일어나는 경우가 있다).

이와 같은 터널효과에 의해, 두 개의 전극(여기서는 탐침과 시료) 사이를 흐르는 전류의 크기는 탐침과 시료간의 거리를 포함한 장벽의 형상에 따라 대단히 민감하게 의존한다.

2.1.4 빈틈 폭(공극폭 空隙幅)과 터널전류의 강도

저온에서 탐침과 시료 사이의 인가전압(印加電壓)이 얕을 경우 탐침과 시료 사이의 터널전류 I는, 시료와 탐침의 거리를 s라고 할 때, 근사적으로

$$I = A\exp(-2ks) \quad \cdots\cdots\cdots \quad (1)$$

인 식이 된다. 여기서 $k = a\phi^{\frac{1}{2}}$(a는 정수)에 의해 주어지며, ϕ는 탐침과 시료간의 장벽(포텐셜)의 실효적인 값이다. 즉 전류는 탐침과 시료의 간격 s에 대하여 지수함수적으로 의존한다. 지수함수

앞의 A 속에는 탐침과 시료의 페르미 준위(Fermi level)라 불리는 에너지값 부근의 상태밀도(에너지구조: 어느 에너지 값에 어느 정도의 전자가 존재할 수 있는가)가 포함된다.

보통의 현실적 조건이라면, 탐침과 시료의 간격이 1nm 정도인 경우에 양자 사이에 1V 정도의 전압을 인가하면 1nA 정도의 전류가 흐를 수 있고, 이 전류를 측정하기는 쉽다. κ는 0.1/nm 정도의 값이므로, s가 0.1nm 정도 변화하면 터널전류는 1자리수 정도 변화한다. 따라서 표면에 0.1nm 정도의 요철이 있고 (원자의 간격은 0.2nm 정도이므로, 0.1nm 정도의 요철은 충분히 기대된다) 탐침과 시료간의 거리가 변화하면 터널전류는 용이하게 측정할 수 있는 범위에서 크게 변화한다. 이때의 터널전류 변화를 측정하면 탐침과 시료간의 거리 변화를 0.1nm 이하의 정밀도(실제로는 0.01nm 정도까지 가능)로 측정할 수 있다.

이와 같이 STM은 터널효과를 이용하여 고체표면에 관한 정보를 원자적인 분해능으로 관찰할 수 있는 측정법이다. 여기서 STM으로 어떠한 정보를 얻을 수 있는지 구체적으로 생각하여 보자. 그러자면 터널전류는 어떤 요인에 의해 지배되는가를 생각해보는 것이 유효하다. 식(1)은 근사적인 식이고, 원래는 보다 엄밀한 식에 의한 고찰이 필요하지만, 여기에서는 식(1)에 따라 생각해 보기로 한다.

2.1.5 터널전류의 요인

식(1)에 의하면 터널전류는 다음과 같은 요인으로 결정된다.
(a) 탐침과 시료의 간격
(b) 탐침과 시료 사이의 에너지 장벽
(c) 탐침과 시료의 전자 에너지 구조(상태밀도의 에너지 의존성)

원래 이들 요인은 서로 독립적인 것이 아니지만 이와 같이 나누어 생각하면 이해하기 쉽다.

(a) 탐침과 시료의 간격

위 식에서 터널전류가 일정하게 되도록 탐침과 시료 사이의 거리를 제어하여 탐침을 시료 표면상에서 주사하면, 탐침의 끝은 A가 일정, 즉 시료의 상태밀도가 일정한 장소를 추적하게 된다. 만일 이 상태밀도가 일정한 면이 표면원자를 중심으로 그림 2에 표시한 것처럼 변화하고 있어서, 에너지 장벽의 장소에 따른 변화를 무시할 수 있다면, 측정한 결과로부터 원자의 위치, 또는 표면의 형상을 알아낼 수 있다.

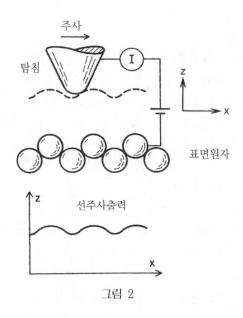

그림 2

(b) 탐침과 시료 사이의 에너지 장벽

(b)의 에너지 장벽은 탐침과 시료의 효과(주로 경상효과 (鏡像效果))에 의하여 에너지 장벽 형상이 변화한다. 만일 식(1)에 의해 이 변화를 생각하면

$$\phi = \left(\frac{1}{2aI} \frac{dI}{ds} \right)^2 \quad \cdots\cdots\cdots (2)$$

이 된다. 따라서 탐침과 시료의 간격 s를 미소변화시켰을 때 전류가 어느 정도 변화하는지 측정하면, 에너지 장벽 또는 일(work)함수를 구할 수 있다. STM으로 이와 같은 측정을 하면, 면내(面內)의 일함수 변화를 조사할 수 있다. 일함수는 면내의 불순물 분포와 관계되기 때문에 일함수의 차에서 불순물의 분포를 조사한 예도 보고되고 있다.

(c) 탐침과 시료의 전자 에너지 구조

(c)의 탐침과 시료의 전자 에너지 구조가 터널전류에 어떻게 영향을 주는지 알기 쉽게 표시한 것이 그림 3이다. 이 그림은 온도가 0 (zero)K인 경우를 나타내고 있다. 그림에서 세로 방향은 에너지를 나타낸다.

(d) 그림 3(a)의 설명

그림 3(a)는 탐침과 시료간의 전압이 0(zero)V에서 평형상태에 있는 경우를 나타내고 있으며, 이 상태에서는 탐침과 시료가 다 페르미 준위라 불리는 일정한 에너지 값의 상태까지 전자에 의해 점령되고, 그 점유된 상태는 사선으로 나타내고 있다. 양자 사이에 전압을 건 경우가 그림 3(b)와 (c)이다.

(e) 그림 3(b)의 설명

(b)는 시료에 정(+)의 전압을 건 경우이다. 이때는 탐침으로

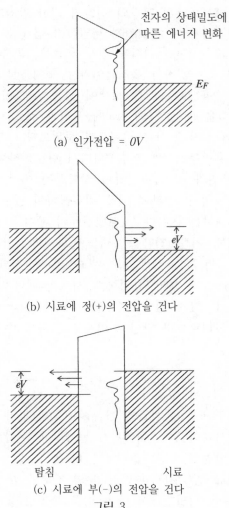

전자의 상태밀도에
따른 에너지 변화

E_F

(a) 인가전압 = $0V$

eV

(b) 시료에 정(+)의 전압을 건다

eV

탐침   시료
(c) 시료에 부(-)의 전압을 건다
그림 3

부터 시료를 향해 실제량의 전자의 흐름이 생긴다(전류는 역으로 시료에서 탐침을 향하여 흐른다). 이때의 터널전류에는 탐침의 페르미준위 근방에 있던 전자가 터널하는 데 기여가 크다. 그것은 에너지가 큰 페르미준위 근방의 전자에 대한 탐침과 시료 사이의 에너지 장벽 높이가 제일 낮아져 터널하기 쉽게 되기 때문이다.

이와 같은 준위에서 터널하는 전자 흐름은, 그 행선지인 시료의 준위 상태밀도 (그 전자가 흘러들어가는 곳에 어느 정도 흘러 들어갈 전자를 수용할 수 있는 상태에 있는가)에 비례한다. 시료에 V 전압을 걸었을 때는, 그림 3(b)에 표시한 것 같이 탐침의 페르미준위 근방의 전자가 시료의 페르미 준위보다 eV만큼 높은 에너지 상태까지 흘러들어가게 된다. 따라서 단순화하여 생각하면, 시료의 페르미준위와 걸어준 전압에 상당하는 에너지 eV만큼 에너지가 높은 상태까지, 전자에 의해 점유당하지 않은 빈(空) 준위가 어느 정도 존재하는가에 따라, 터널전류의 값이 좌우된다.

만약, 시료에 거는 전압을 조금 변화시켜(전압의 미소변화 : dv), 그때 터널전류가 어느 정도 변화했는지 (전류의 미소변화 : dI) 알 수가 있다면, dI/dV의 값에서 시료의 에너지(eV) 근방의 상태밀도를 알 수 있게 된다. 역으로 시료에 부(-)의 전압을 걸면, 점유된 시료 상태로부터 탐침의 비점유 준위에 대한 전자의 터널을 측정하게 된다.

(f) 그림 3(c)의 설명

그림 3(c)에서는, 시료에 거는 부(-)의 전압 절대값을 크게 해감에 따라 시료의 전자 에너지가 높아지고, 전압의 절대값이 증가함에 따라 탐침의 페르미준위보다 더 높은 에너지 상태에 시료의 전자가 새로 추가된다. 따라서 (b)의 경우와 같이, 거는 전압의 증가(dV)에 대한 터널전류의 증가(dI)를 측정하면, 시료의 페르미

준위보다 eV만큼 에너지가 얕은 점유준위의 전자 상태밀도를 구할 수 있다.

단, 이 경우 탐침측의 에너지 상태는 에너지에 대한 상태밀도가 급격히 변화하지 않는다는 조건이 필요하다. 왜냐하면 탐침측의 비점유준위에 상태밀도가 크게 변하면, 시료의 페르미준위 근방의 전자터널에 의한 전류가 크게 변화하여 목적하는 시료 점유준위의 전자터널에 의한 변화가 숨어버리기 때문이다.

이와 같은 측정을 시료 표면의 각점에서 함으로써, 시료 표면의 전자구조를 원자적인 분해능으로 알 수 있게 된다. 상태밀도는 시료 부분의 원자 종류와 결합상태에 밀접하게 관계되기 때문에, 이와 같은 정보는 시료 표면을 이해하는 데 중요한 정보가 된다. 이와 같은 측정법은 주사터널분광법(Scanning Tunneling Spectroscopy : STS)이라 부르고 있다. 실제 측정은 STM 측정과 함께 동시에 하는 것도 가능하다.

(g) 비탄성(非彈性) 터널전류

이 이외에 터널전류의 인가전압에 대한 2회 미분(d^2I/dV^2)을 관찰하므로써, 비탄성 터널전류를 조사할 수 있다. 최근, 저온에서 극히 안정된 STM장치를 개발하게 되면서 이 측정원리를 이용하여, 고체표면의 흡착 분자 내의 원자의 진동 모드의 여기(勵起)에 대응하는 스펙트럼 관찰이 이루어지고 있다. 이 방법으로 분자 내의 원자를 동정(同定)하는 것이 원리적으로 가능하며, 앞으로 이 방법에 의한 연구가 왕성할 것으로 생각된다.

2.2 장치

2.2.1 측정장치로서의 STM

STM의 주요 구성부는 그림 4와 같다.

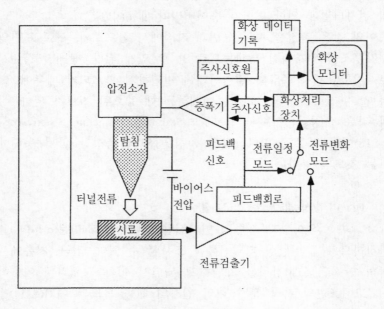

그림 4

(a) 탐침과 시료의 유지기구(維持機構)
(b) 이동기구
(c) 전원 및 전류측정·제어장치
(d) 데이터 처리장치
(e) 제진(除振)장치

(f) 초고진공장치 등

(a) 탐침과 시료의 유지기구

(a)의 시료 및 탐침의 유지기구는 STM장치가 초고진공장치 내에 놓여질 경우에는 실험 효율을 높이기 위하여, 탐침을 진공을 깨지 않고 외부에서 교환되고, 시료에 따라서는 가열 혹은 냉각을 할 수 있도록 되어 있는 경우가 많다.

(b) 이동기구

(b)의 이동기구는 조동(粗動)기구와 미동(微動)기구로 되어 있다. 조동기구는 탐침을 시료상의 일정 위치 가까이 접근시키는 것으로, 관성(慣性) 이동기구나 나사를 이용한 기구 등 여러 가지 방식이 있으며, 탐침과 시료 사이의 간격이 수10nm 정도까지 접근시키는데 쓴다.

미동기구에는 피에조(piezo)소자를 쓴다. 이 소자는 소자 전극에 전압을 걸면 늘어났다 줄었다 한다. 이 소자를 쓰면 STM장치가 요구하는 정밀도로 탐침을 시료에 접근시킬 수 있다. 이때 탐침과 시료 사이에 전압을 걸어 놓고 양자 사이에 흐르는 전류를 검출하면서 이 동작을 하면 탐침이 시료까지 접근한 것을 검출할 수 있다. 시료 표면에 평행한 방향의 이동과 주사에도 피에조 소자를 쓴다. 이동에 필요한 전압은 제어장치에 의해 처음에 의도한 대로 이동시키는 것이 가능하게 된다.

(c) 전원 및 전류측정·제어장치

(c)의 전원은 피에조 소자에 거는 전압을 공급하는 역할과 탐침과 시료 사이에 거는 전압을 공급을 하는 것이 있다. 이들 공

급전압의 값은 어느 것이나 외부에서 컴퓨터로 제어할 수 있다.

(d) 데이터 처리장치

(d)의 데이터 처리장치는 측정한 전류치를 목적에 따라 처리하여, 필요한 데이터를 얻어 표시장치에 나타내거나 기록한다. 또는 그 값을 제어장치에 되돌려서 필요한 제어를 하는데 사용한다.

(e) 제진(除振)장치

(e)의 제진장치는 탐침과 시료의 간격을 정밀하게 제어해야 하는 필요성 때문에, 외부로부터의 진동을 줄이기 위해 필요하다. 실제로는 STM 장치를 스프링에 매달거나 공기스프링 위에 놓아 제진한다.

(f) 초고진공장치

청정(淸淨)한 표면을 연구할 때는 시료 표면의 오염을 피하지 않으면 안되므로 초고진공장치가 불가결하다. STM은 용액 중에서 전기화학반응 등의 표면현상을 조사하는 데에 쓸 수 있는데, 그러자면 STM 장치의 시료와 탐침을 용액 중에 수용하는 용기가 필요하다.

장치 전체는 이상과 같은 구성인데, 중요 부분인 탐침은 전해연마(電解研磨) 등으로 첨단을 예리하게 만든다. 실제로 이와같은 탐침의 첨단에 있는 1원자가 주로 터널전류에 기여하므로써 시료면에 수직 방향으로 0.02nm, 평행방향으로 0.1nm 정도의 분해능을 얻을 수 있게 되는 것이다. 결정의 원자간력은 0.2nm 정도이므로 표면의 각 원자를 충분히 구별하여 관찰할 수 있는 분해능을 갖는 것으로 된다.

2.3 주사터널현미경에 의한 표면관찰

2.3.1 STM의 본래 용도 – 표면 구조를 관찰하는 현미경

장치로서의 STM은 현재로서는 여러 가지 연구분야에서 쓰이고
있다. 그중에서도 가장 넓은 용도는, 역시 본래의 용도인 표면 구
조를 관찰하는 현미경으로서의 용도이다. 이와 같이 원자적 스케
일로 관찰이 가능한 현미경으로서의 STM으로 이때까지 미해결이
었던 표면의 원자배열이나 전자구조 등 많은 것이 명백해졌다.

일반적으로 고체 표면의 구조는 결정의 내부가 그대로 표면에
노출된 구조와는 다르게 되어 있는 것이 많다. 예를 들어 결정을
절단하는 경우, 절단면에는 결합이 절단된 원자가 있게 되므로 그
대로는 에너지적으로 불안정한 상태가 된다. 이와 같은 에너지 불
안전성을 해소하기 위해 표면 원자의 재배열이 일어나고, 고체 내
부와는 다른 원자 배열을 갖게 된다. 이 현상은 특히 공유결합성
이 강한 결정에서 생기는 것으로 알려져 있다. 표면 성질 또는 표
면에서 일어나는 현상은 이들 표면의 구조에 의존하기 때문에, 표
면구조에 관한 원자 레벨의 이해가 필요하다. STM에 의한 표면상
(像) 관찰은 바로 이와 같은 요구에 최적이다.

2.3.2 STM에 의한 측정 관찰의 전형적인 예

STM 측정의 전형적 예로서 Si (111) 표면의 경우를 설명한다.

1) Si (111) 표면

Si (111) 표면은, 고체 내부의 구조를 그대로 노출했다면 그림 5에 점선으로 나타낸 구조(이상적 구조)를 갖는다. 그러나 실제 청정한 Si (111) 표면은 그림 중에 실선으로 나타낸 것과 같은, 이상적 표면의 원자 배열보다 7배 크기를 갖는 단위구조로 되어 있는 것이 저속전자회절법(低速電子回折法)에 의한 관찰로 알려져 있다. 이상적 구조보다 7배 크기의 격자(格子)가 단위로 된다는 의미에서, 이와 같은 표면구조를 7×7구조라고 부른다. 이 구조가 원자 배열에 의해 생기는지는 오랜 동안 불명확하여 이것을 밝히려는 연구가 진행되어 왔다.

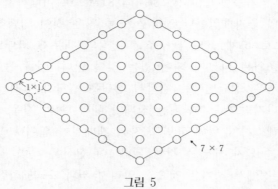

그림 5

그림 6은 Si (111) 7×7구조표면의 STM상이다. STM상에서 관찰되는 밝은 점은 표면 최상층의 Si 원자에 대응하고 있다. 인가 전압을 바꾸어 이와 같은 관찰을 함으로써, 2층 째의 원자에 대한 정보도 얻을 수 있다. 이러한 정보를 바탕으로 그림 6에 나타낸 원자배열을 갖고 있는 것이 명백해졌으며, 7배의 단위격자 내의 다른 원자의 결합상태에 관해서도 상세한 정보가 얻어지고 있다.

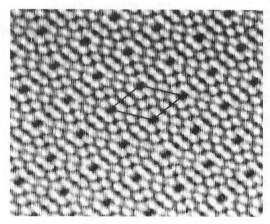

그림 6

그림 7은 현재 밝혀진 Si (111) 7×7표면의 원자 배열(DAS 구조)
를 나타낸다. 그림 7은 Si (111) 7×7표면상의 몇 개 원자상에 대
한 STS 측정 결과이다. A는 레스트 애톰이라고 불리는 실리콘 원
자이고, 그림 하부의 곡선 A(스펙트럼)에 그 STS의 결과, 즉 전자
상태 밀도의 에너지 의존성을 나타낸다. 이것에 의하면, 페르미준
위(그림 하부의 에너지값이 0eV에 상당)보다 −0.8eV 얕은 상태에
큰 점유준위가 존재하고, 페르미준위보다 위의 0.5eV 부근에 비점
유준위가 존재하는 것을 알 수 있다.

B의 스펙트럼과 C의 스펙트럼은 양쪽 다 애드 애톰이라고 불리
는 최상층의 실리콘 원자 B, C상의 STS 결과이다. 양자의 경우
다 같은 애드 애톰에 대한 것임에도 불구하고, 스펙트럼의 형상은
다르다. 즉, −0.4eV에 있어서의 점유 준위의 피크는 B의 애드 애
톰 (7×7의 단위격자의 끝에 존재하므로 코너·애드 애톰이라 부
른다) 쪽이 C의 애드 애톰 (센터·애드 애톰)보다 더 커서, 역으
로 페르미준위보다도 에너지가 큰 0.5eV 부근에 있는 비점유 준

위의 스펙트럼 강도는 센터·애드 애톰 쪽이 세다는 것을 알 수 있다. 이것은 애드 애톰의 전자 점유준위에서 보다 에너지가 얕은 레스트 애톰의 점유준위로 전하가 이행하기 위해 생긴다고 설명되고 있다.

그 결과 레스트 애톰의 점유 준위 스펙트럼은 강도가 세게 되고, 애드 애톰의 점유 준위 강도는 약해지는 것이다. 센터·애드 애톰의 점유준위의 피크쪽이 코너·애드 애톰의 점유준위 피크보다 얕은 것은, 센터·애톰 쪽은 전하가 이동하는 행선(行先)인 레스트·애톰이 2개 인접하여 있어 전하가 이행하기 쉽기 때문이라고 설명되고 있다.

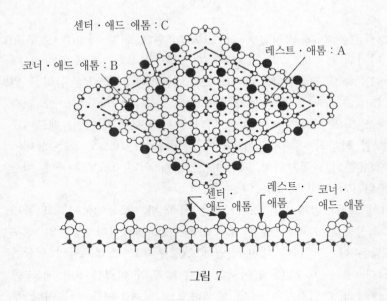

그림 7

2) Si (001) 표면

Si (001) 표면의 경우, 이상적인 Si (001) 표면의 최상층 Si원자는 그림 8에 나타낸 것과 같이 2개의 댕글링 본드(dangling bond)를 갖고 있으며 에너지적으로 불안정하다. 이 불안정성을 해소하기 위해 그림 8에 나타낸 것과 같이 인접한 2개의 Si원자는 서로 접근하여 그 중 1개의 댕글링 본드는 서로 강하게 결합(σ결합)하고, 나머지 1개는 약하게 결합 (π결합)하여 그림 8에 나타낸 바와 같은 2량체(다이머)를 형성하므로써 안정화 된다. 그림 8은 이 표면[Si (001) 2×1 표면]의 STM상이다. 다이머가 줄모양으로 배열되어 있는 것을 알 수 있다. 실제로는 다이머가 표면에 대하여 경사가 지고 있는 것이 보다 안정적이고, 그림 8에 나타낸 STM상은 경사진 구조가 시간적으로 변화하여, 다이머열에 수직인 면내에서 진동하고 있기 때문에 경사가 없는 것 같이 관찰된다고 생각되고 있다. 저온에서는 이 다이머가 교대로 표면에 대해 경사지고 있는 C (4×2)구조라 부르는 구조로 되어 있는 모양이 STM상에서 관찰되고 있다.

σ결합이 아닌 쪽의 전자는 에너지적으로 다소 불안정하므로 다른 원자·분자와 결합하기 쉬운 상태에 있다. 이것을 이용하여 2중결합 (π결합을 갖는)을 갖고 있는 시클로펜텐 (cyclopenten) 등의 환상유기분자(環狀有機分子)나 나노미터 스케일의 분자를 부착시키는 연구도 이루어지고 있다.

3) STM의 여러 가지 활용

STM은 Ge, GaAs, GaP, GaN 등의 반도체, Au, Pt, Cu 등의 금속 표면, 그래파이트, MoS_2 (2유화 몰리브덴) 등의 층상(層狀)물질, 전도성의 기판상에 흡착한 벤젠분자와 같은 유기분자, 도전성 유기분자 결정 등 여러 가지 물질의 표면 연구에 쓰이고, 그 원자 구조, 전자 상태, 혹은 흡착구조 등 많은 사항이 조사되고 있다.

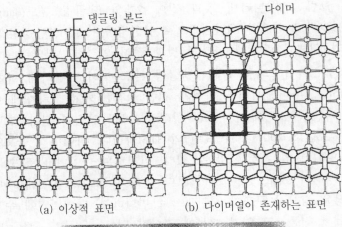

(a) 이상적 표면　　　　　(b) 다이머열이 존재하는 표면

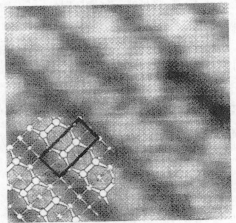

(c) Si(100) 2×1의 STM상

그림 8

4) 원자·분자의 표면확산(擴散) 현상

　　시료의 온도를 변화시키거나, 금속 원자 등을 표면에 흡착
시키거나 하면서, STM으로 시간에 따라 표면 관찰을 하므로써 시

료 표면상에 나타나는 확산현상 등의 원자·분자 과정을 원자 레벨에서 관찰하는 일도 이루어지고 있다.

표면상에 있는 어느 특정 원자·분자의 움직임을 STM상에서 시간에 따라 추적하므로써, 원자·분자의 표면확산 현상을 조사할 수 있다. 예를 들면 Si (001) 표면상의 Si원자 확산 모양이 상세히 조사되어 있다. 그 결과에 의하면, 표면에 날라온 Si원자는 표면상에서 다른 Si원자와 단시간에 결합하여, 표면상을 확산에 의해 이동한다. 이 이동은 표면상에 존재하는 다이머열(列)이라는 원자열 구조의 상부를 열(列)에 따라 확산하는 것이 지배적인데, 이 확산 뒤에 다이머열의 끝에 잡힌다.

이와 같은 과정이 표면상에서 되풀이되므로써, 에피택시얼 (epitaxial) 박막으로서의 실리콘 층이 성장해 가는 것이 명백해졌다. 이와 같은 관찰을 효율적으로 할 목적으로 원자추적 STM이라는 장치도 개발되어 종래의 STM보다 더 고속으로 현상을 관찰할 수 있게 되었다.

5) 상전이(相轉移), 박막의 성장

고온에서 표면의 원자배열이 어떻게 변화하는지 관찰하므로써 상전이(相轉移)를 조사하기도 하고, 박막의 성장이 어떻게 일어나는지 직접 관찰하는 일도 하고 있다. 또한 저온에서 관찰하므로써, 초전도현상이나 전하밀도파(電荷密度波)의 형성 등에 관한 조사도 가능하고, 이들 현상에 대한 원자 스케일의 연구도 가능하다.

6) 이종(異種) 원자·분자의 화학반응

표면을 이종 원자·분자에 노출했을 때 생기는 화학반응에 관해서도 조사할 수 있다. 예를 들어, 실리콘의 초기 산화과정에 있어서 Si (111) 7×7 구조모형을 보면, 단위격자의 좌측에 있는 최상층 애드 애톰과 반응하기 쉬운 것과, 또한 같은 애드 애톰 중에서도 코너·애드 애톰과의 쪽이 센터·애드 애톰과 보다 더 반응하기 쉬운 것이 밝혀 있다. 이 이외에도 실리콘 표면의 에칭 과정, 촉매반응의 기초 과정 등에 관한 많은 중요 정보가 STM, STS 관찰로 얻어지고 있다.

STM의 탐침을 전극으로 사용함으로써, 표면 자체의 전기전도 혹은 원자를 흡착시켰을 때의 전기전도의 변화를 조사하기도 한다. 표면에 형성된 나노구조(선상태의 구조인 나노와이어, 상자 형상인 양자상자 등)의 전자적 성질, 또는 시료 표면에 형성된 나노구조에서 탐침의 터널전류에 의한 전자적 성질, 기판과 탐침 사이에 원자가 1개씩 연결되어 팽팽하게 된 사슬형 구조, 사슬 형상 분자의 전기적 특성에 관해서도 조사되어, 어느 구조의 형상이 감소했을 때 현저해지는 양자효과에 관한 여러 가지 흥미 깊은 결과가 얻어지고 있다. 이들 중 몇 가지는 뒷장에 상세히 설명한다.

2.4 원자와 분자의 조작 및 표면 개질(改質)
- STM을 이용한 연구의 금후 -

STM을 이용함으로써 표면의 미소한 영역에 변화를 갖게 하여, 그 변화 과정을 연구하거나 얻어진 구조의 성질을 연구하거나, 그 구조를 기록소자 등의 디바이스(소자)로 응용할 것을 목표로 한 연구가 이루어지고 있다. 이들 연구가 어떤 방법으로 진행되고 있는지 간단히 설명한다.

2.4.1 기계적 개질(機械的改質)

STM 연구의 비교적 초기단계에, 탐침을 금(金) 시료 표면에 대고 그 위로 이동시켜 시료면에 긁은 상처를 내거나, 혹은 표면에 움푹한 홈(폭 15nm, 깊이 13nm 정도)을 만들어, 그 부분을 STM 으로 관찰하는 연구가 이루어졌다. 그 결과 STM이 기록장치로서 이용될 수 있음과 전압을 걸어줌으로써 표면상의 원자를 이동시 킬 수 있다는 것을 알게 되었다. 또한 동시에 대전류를 흐르게 함 으로써 탐침으로부터 원자를 시료 표면 위에 증착(蒸着)시켜 구조 를 형성할 수 있는 것도 보고되었다.

탐침을 시료에 수직방향으로 이동시켜 Si (001) 시료면에 기계 적으로 직경 2~10nm 정도의 움푹한 홈을 형성한 예도 보고 되 어 있고, 이 조작을 되풀이함으로써 시료 표면에 8이라는 숫자를 형성하고 있다.

2.4.2 탐침에 의한 원자 조작

한 개의 원자 이동을 인공적으로 제어할 수 있다면, 이와 같은 순서를 되풀이함으로써 표면상에 임의의 조성(組成)과 원자적 구 조를 갖는 새로운 구조체를 형성하고, 그 물성을 조사할 수 있다. 이 방법으로 신물질의 개발을 효율 좋게 할 수도 있다. 그 구조가 유용한 것으로 판명되면, 그 물질을 따로 대량생산하는 합성법을 개발할 때 중요한 정보를 얻는 것도 가능하다.

최초의 단일원자 조작 실험은 Becker 등에 의해, Ge(111) 표면 상에서 이루어졌다. 이 실험에서는 Ge(111) C (2×8)이라 부르는 재배열 표면에, 정지한 STM 탐침으로 −4V의 전압을 가하여 그 부분을 STM으로 관찰하면, 그때까지의 표면보다도 0.1nm 정도 높은 폭 0.8nm의 부분이 형성되는 것이 확인되었다. 이것은 STM 관찰 중에 탐침이 Ge 원자를 집어올려서 그것을 전압의 인가(印加)에 의해 표면에 놓은 것으로 생각되었다.

사전에 이동시켜야 할 원자를 기판상에 흡착시켜 놓고, 그 원자를 한개 한개 탐침으로 이동시키는 실험이 1990년에 보고되었다. 이 연구에서는 저온으로 유지된 Ni (110) 표면상에서 같은 방법으로 Xe원자를 탐침으로 이동 배열시켜 Xe원자에 의한 마크를 기판 표면상에 형성시키는데 성공했다.

Xe원자는 불활성 원소로서 저온에서는 반 델 왈스(van der Waals)력에 의해 Ni 표면에 흡착되어 있다. 이 Xe원자 위에 탐침을 이동시킨 후, 탐침을 Xe원자에 접근시키면 Xe원자와 탐침 사이에 작용하는 반 델 왈스력이 강해진다. 이 상태에서 탐침을 소정의 위치까지 이동시킨 후, 탐침을 Xe원자에서 멀리하면, Xe원자는 저온이기 때문에 그곳에 머문다. 이와 같은 조작을 되풀이함으로써 기판상에 원자를 문자(文字) 모양으로 배열시킬 수 있다.

그 후, 같은 방법으로 온도가 4K로 유지된 Cu(111) 표면상에 Fe원자를 탐침으로 조작하여, 원형으로 나란히 세운 양자코랄(量子 corral)이라고 부르는 구조를 형성했다. 그 내부에 전자가 가두어져서, 동심원상의 정재파(定在波)가 형성되는 모양을 STM으로 관찰했다. 이것은 표면에 국재(局在)하는 표면준위라고 불리는 에너지 상태로 잡힌 전자가 원형으로 배열한 Fe원자에 의해 반사되어 생기는 것이고, 인공적으로 새로운 성질의 물질상(物質相)을 만들 수 있는 가능성을 나타낸 것이다.

2.4.3 전계증발(電界蒸發)

1nm 정도 떨어진 탐침과 표면 사이에 10V 정도의 전압을 가함으로써 시료 표면 혹은 탐침상에 존재하는 원자 끼리의 화학결합 상태에 커다란 변화를 미칠 수 있다. 탐침을 시료 가까이 하면 탐침과 시료상의 단일 원자에 이같은 효과를 미칠 수 있다. 따라서

단일 원자의 전계에 의한 증발 혹은 흡착이 가능하다.

실제로 전계증발에 의해 표면에 부착하고 있는 원자를 선택적으로 증발시키거나 혹은 기판을 구성하고 있는 원자를 떼어버리는 일이 가능함이 확인되고 있다. 그 예로서 MoS_2 표면에 전계를 걸어 표면 원자를 선택적으로 증발시켜 문자를 쓴 결과가 보고되고 있다. 또한 탐침의 전계증발에 의해, 탐침상에 존재하는 단일원자를 표면상의 소정의 위치에 흡착시키는 일도 가능하다. 따라서 탐침상에 미리 흡착시키고 싶은 원자를 붙여 놓으면, 탐침을 원자적인 핀셋으로 하여 표면상에 배치할 수 있으며, 나노구조를 표면상에 구축하는 일도 가능하게 된다.

2.4.4 화학적 개질(化學的 改質)

탐침의 전자가 갖는 에너지를 이용하여 시료 표면상에 화학반응을 일으켜 표면상에 특정한 구조를 형성할 수 있다. 탐침을 시료에 접근시켜 전자가 부딪치는 영역을 좁힘으로써, 단원자 정도의 영역의 개질도 할 수 있다. 이 방법으로 물분자가 존재하는 그래파이트(graphite) 표면으로부터 탄소원자를 탄화수소 모양으로 떼내어 표면에 미소한 구조를 형성한 예와, Si (111) 표면에 흡착되어 있는 수소원자를 전자조사하여 떼어낸 예 등이 보고 되고 있다.

최근에는 기판상에 배열한 분자열의 한쪽 끝에 전자를 부딪치게 함으로써 연쇄반응적으로 분자간의 중합이 진행되어 나노와이어를 효율 좋게 형성할 수가 있는 것이 보고되고 있다.

2.5 STM의 미래의 용도

이상과 같이 STM은 원자레벨에서 표면을 조사하기 위한 유력한 수단일 뿐만 아니라, 표면상에 나노스케일 구조를 형성하는 방법으로서도 큰 위력을 발휘한다. 따라서 STM은 앞으로 나노과학기술의 진전에 없어서는 안 될 장치로 될 것이 기대된다.

(河津 璋)

제3장
원자간력현미경(原子間力顯微鏡)

키워드

1) 원자간력현미경
2) 마찰력현미경
3) 비접촉 원자간력현미경
4) 화학적 상호작용력
5) 훠스분광곡선
6) 에너지 산일양(散逸量)

포인트는 무엇인가?

원자간력현미경(AFM)은 극히 날카로운 탐침을 압전소자로 시료 표면을 따라 주사하여, 표면의 미시적인 구조와 성질을 화상화(畵像化)하는 주사 프로브 현미경의 한 종류이다. 주사터널현미경(STM)이 탐침과 표면 사이를 흐르는 터널전류를 화상화하는데 대하여, AFM으로는 탐침과 시료 표면 간에 작용하는 원자 스케일의 힘을 화상화한다. 이 때문에 AFM에서는 표면이 전도성일 필요는 없고, 절연성 시료 표면이라도 적용 가능하기 때문에 응용범위가 대단히 넓다. AFM은 나노재료의 구조를 관찰하고 제어하기 위한 기본적인 도구로서 중요한 역할을 하고 있다.

3.1 여러 가지 원자간력현미경과 그 원리

3.1.1 접촉형 AFM과 비접촉형 AFM

원자간력현미경에는 측정법에 따라 여러 가지가 있다. 즉 대별하면, 정적(靜的)으로 측정하는 접촉형 AFM과, 탐침을 붙인 캔틸레버(cantilever 외팔보)를 공명진동(共鳴振動)시켜 동적측정을 하는 비접촉형 AFM (nc-AFM)이 있다. 접촉형 AFM에서는 탐침과 표면 사이에 작용하는 힘을 정적으로 측정하는데, 여기에는 표면에 수직방향으로 작용하는 힘만 측정하는 방법과 평행 방향의 힘을 측정하는 방법이 있다. 후자는 마찰력현미경 또는 횡방향력(lateral force) 현미경이라 부른다.

접촉형 AFM으로 힘을 측정하는 데는 캔틸레버의 배면측에서 레이저광의 반사로 접촉각을 측정하는 광지렛대 방식이 표준이다. 접촉형 방식에서는 병진대칭성(竝進對稱性)을 갖고 있는 결정의 상이 관찰되는 경우에도 개개의 원자적 결함(缺陷)은 관찰되어 있지 않으므로, 진짜 원자척도(스케일)의 분해능은 얻을 수 없는 것을 알 수 있다. 그러나 원자간격 보다 다소 스케일이 큰 1nm 정도의 분해능을 가진 상을 대기 중이나 액체 중에서 얻는 것이 가능하고, 측정법이 비교적 간단하기 때문에 응용범위가 넓다. 세포와 같은 생체 시료 관찰에 위력을 발휘하고 있다.

3.1.2 태핑모드(Tapping Mode)법

동적 측정법 중에서 태핑모드법이라고 부르는 것은, 캔틸레버를 공명에 가까운 조건으로 표면에서 되튀김 진동을 시켜, 공명진동수나 위상의 엇갈림, 산일(散逸, 흩어져서 일부가 빠져나가 없어지는 것) 등에 대한 측정량으로부터 시료 표면의 정보를 얻는다. 이 방법으로는 진동의 Q값이 작고 원자스케일의 상은 얻기 어렵지만, 대기 중이나 액체 중에서도 측정이 되기 때문에 응용범위는 넓다. 이 태핑모드법도 원자 스케일까지는 요구되지 않는 시료관찰에 우수하여, 여러 가지 나노재료의 특성 규명이나 생체물질 연구에 유력한 실험법이다.

3.2 비접촉 원자간력현미경

3.2.1 비접촉 원자간력현미경의 역사
— 일본·스위스·독일이 세계적 리이더 —

초고진공 중의 비접촉 원자간력현미경과 캔틸레버 공진주파수의 고정밀도 측정을 실현하는 「주파수 변조법(變調法)」을 짜맞추므로써, 원자상을 고정밀도로 관찰하는 일이 가능하게 되었다. 이 실험이 성공한 것은 1995년이었다. Giessible에 의해 Si (111) 7×7 표면의 원자상이 관찰되었는데, 같은 해 기다무라(北村)와 이와끼(岩槻)도 이 표면의 원자상을 관찰했다.

한편 스가하라(菅原)와 모리따(森田)는 InP (110) 표면의 원자 스케일상, 특히 그의 점 결함에 대한 상을 처음으로 관찰했다. 현재 시행착오 단계이나 비접촉형 AFM의 실험기술을 확립해가고 있다. 비접촉 원자간력현미경에 대한 연구는 일본, 스위스, 독일이 가장 활발하고, 이들 나라의 연구자가 세계적인 리더십을 갖고 있다.

3.2.2 비접촉 원자간력현미경
1) 기본적인 의문에 대한 해명이 진전되고 있다

비접촉형 AFM이 화상화하고 있는 양은 어느 정도인가? 왜 원자 스케일의 분해능이 가능한가? 와 같은 기본적인 의문에 대해 처음에는 잘 몰랐으나 이론 연구의 진전에 따라 지금은 이들 기본적인 기구에 관한 상당한 지식이 얻어지고 있다.

즉 일반적인 측정법에서는 탐침의 진동 진폭이 10nm 정도이고, 탐침이 시료 표면과 상호작용하는 영역은 표면에서 0.2~0.3nm 정도의 범위에 한정된다. 탐침이 되돌아오는 점 부근에서 순간적으로 표면에서 받는 힘이 공명진동수를 약간 변화시킨다.

탐침이 받는 힘에는 몇 가지가 있다. 그중 하나는 탐침 끝의 원자가 표면에서 국소적으로 감지되는 화학적 상호 작용력인데, 탐침이 되돌아오는 점의 위치에 민감하다. 한편, 이 화학적 상호 작용력에 비해 같은 정도 혹은 더 강하지만, 공간변화가 완만한 반 델 왈스력은, 탐침의 훨씬 넓은 영역에서 작용하며, 탐침의 원자 스케일 위치에는 그렇게 민감하지 않다. 탐침 끝의 여러 원자가 감지하는 국소적인 화학적 상호작용력은 탐침의 근소한 이동에 의해 변화하므로, 이 변화량을 공명주파수 엇갈림(shift 편차)으로서 검출하여 화상화 하면 원자스케일의 표면상을 얻을 수 있다. 이것이 nc-AFM상이다.

2) 탐침과 표면 사이에 작용하는 화학적 상호작용력

탐침과 표면 사이에 작용하는 화학적 상호작용력은 높아야, 수 옹스트롬(angstrom: Å) 영역에서만 작용하지만, 탐침을 단 캔틸레버의 진동 진폭은 보통 100 옹스트롬 정도이다. 그 때문에 진동은 극히 비선형(非線型)이며 카오스적으로 되기 쉽다. 그러나 정상 진동상태에서 공명진동수의 어긋남(편차)은 탐침과 표면간의 힘을 되돌아가는 점으로부터 거리에 역비례하는 중율(重率)을 곱하여 1진동 주기에 걸쳐서 적분(積分)한 양에 비례한다. 탐침의 자연(고유) 공명진동수가 수백kHz 인데 대하여, 이 진동수 엇갈림(편차)은 수십Hz 이하이고 감도가 극히 높다.

3.2.3 힘(force)분광곡선(分光曲線)

캔틸레버의 기점 표면에서 높이를 변화시키면서 공명 주파수 엇갈림을 측정한 것을 힘분광곡선이라 부른다. 이로부터 탐침과 표면에 작용하는 힘의 원자 스케일의 분포를 대개 알 수가 있다. 이것은 탐침 끝에 있는 원자의 종류와 그 바로 밑의 시료 표면원자 종류의 짜맞추기에 따라 다르고, 또한 시료 표면상의 원자 결합상태의 영향도 받는다. 이 성질을 이용하여 탐침 끝의 원자를 바꾸거나, 혹은 끝에 특정 분자관능기(分子官能基)를 흡착시키거나 하여 힘분광곡선을 측정하면, nc-AFM상으로 관찰하고 있는 원자의 종류를 특별히 결정할 수 있을 것으로 기대된다.

3.2.4 에너지의 산일량(散逸量)과 그의 화상화(畵像化)

캔틸레버 진동의 공명상태를 표시하는 공명 Q값은 공명주파수와 공명곡선의 반값폭과의 비이다. 이 반값폭은 진동에너지의 1주기당의 산일 혹은 감쇠(減衰)에 비례한다. 산일에너지에는 캔틸레버의 내부마찰 등 시료 표면의 존재에 의하지 않는 것과, 탐침과 표면이 접근하는 영역의 마이크로적인 불가역 구조변화나 표면원자의 열진동 여기, 탐침의 접근에 의한 전위변화가 가져오는 하전분포(荷電分布)의 움직임 등, 시료 표면과 탐침과의 상호작용에 의해 생기는 것이 있다.

이중 표면원자의 구조변화나 열여기(熱勵起)에 의한 산일은 표면구조의 동적응답과 관계되고 있으며, 나노스케일 표면의 역학적 성질에 의존한다. 탐침을 주사(走査)하면서 이 원자스케일 산일량의 공간변화를 화상화한 것을 주사산일력현미경이라 부르고, 주파수 엇갈림(편차)에 의한 현미경상과는 다른 흥미 깊은 정보를 알려주고 있다.

3.2.5 켈빈력(Kelvin force) 현미경

탐침과 시료 표면간에 접촉전위차 즉 전자의 페르미준위 차가 있으면, 양자(兩者) 사이에 전기용량 C의 반(1/2)에 접촉전위차를 제곱한 정전에너지가 저장되어, 이 에너지의 간격폭에 대한 미분(微分)과 같은 힘이 작용한다. 이것을 켈빈(Kelvin)력이라고 한다. 탐침 표면 사이에 직류성분(直流成分)과 교류 성분을 갖는 바이어스(bias) 전압을 가하면, 직류성분이 접촉전위차를 없앨 때, 켈빈력에는 2배파(倍波) 성분만이 나타난다. 이 원리를 이용하면 비접촉 원자간력현미경에 의해 접촉전위차분포를 나노스케일의 현미경상으로 얻을 수 있다. 이것을 켈빈력현미경이라고 한다. 이 방법에 의해 나노구조재료의 마이크로 하전상태나 분극(分極)분포를 관찰하는 일이 가능하다.

3.3 장래의 전망

3.3.1 원자간력현미경으로 나노스케일 구조 관찰이 가능

원자간력현미경으로 절연성 시료를 포함하여 모든 시료 표면의 나노스케일 구조를 관찰하는 일이 가능하다. 또한 탐침 끝을 적당한 흡착자(吸着子)로 수식(修飾)하여 특유한 힘분광곡선을 몇 개 짜맞추어, 원자종(原子種)이나 화학종을 구별한 시료 표면의 비접촉현미경상이 얻어질 것으로 기대된다.

3.3.2 마찰력현미경으로 표면 나노구조를 제어

원자간력현미경 특히 마찰력현미경으로 표면 나노구조를 제어할 수 있다. 예를 들면, 시료 표면의 하전 중심으로 전하를 주입하거나 하전상태를 검출할 가능성이 실증되고 있다. 이것을 표면 위에 고밀도로 배열한 하전중심에 대하여 행하면 고밀도 메모리 디바이스가 된다. 이와 같은 메모리 디바이스로 분극성 분자 배열을 원자간력현미경으로 제어하여 써넣기(writing), 읽어내기(reading)를 하는 방법도 유망하다.

3.3.3 미세가공이 더 발견하고 그 기대도 높다

메모리 디바이스를 주사형으로 하려면 탐침의 주사속도가 느린 결점을 극복하도록 고밀도로 다수의 탐침을 기판 위에 배열하여 이용할 필요가 있다. 원자간력현미경의 탐침에 의한 시료 표면의 미세가공에는 이미 많은 시도가 있었으며 더욱 발전할 것이다. 전기화학셀의 수식전극(修飾電極), 불균일 촉매계의 활성점의 생성 등, 탐침을 이용하는 나노구조계의 형성과 그 응용에도 큰 발전성이 있다.

많은 종류의 수식탐침을 이용한 화학적 센서에도 기대를 걸고 있다. 또한 탐침을 이용하여 단백분자를 늘이거나 세포 내에서 빼낼 때의 힘을 연신장(延伸長)의 함수로 측정하는 방법은, 생체분자의 나노역학적 성질이나 단백분자의 꺽어 접는 기구를 해명하는 유력한 방법으로서 기대가 높다.

〈참고문헌〉

森田淸三 著 はじめてのナノプローブ 技術 (工業調査會)

(塚田 捷)

제4장
나노디바이스(Nanodevices)

1) 단전자(單電子) 트랜지스터   2) 나노전자효과 트랜지스터
3) 애톰 릴레이(relay) 트랜지스터   4) 양자(量子) 컴퓨팅
5) 나노 기능성 디바이스   6) 나노 정보 디바이스

포인트는 무엇인가?

　나노디바이스라는 말을 한 개의 절에서 다루기에는 개념이 너무 넓기 때문에 여기서는 정보기술용의 디바이스에 한정한다. 정보기술은 처리, 전달, 축적의 3요소로 되어 있으며, 현대의 정보기술용 디바이스는 각각 실리콘을 대표로 하는 반도체 집적회로, 반도체 레이저와 파이버(fiber), 자기 디스크로 대표되는 파일 디바이스로 되어 있다. 여기서 말하는 나노디바이스는 현재의 디바이스 성능을 여러 자릿수 뛰어넘는 성능을 나타내고 새로운 패러다임(paradigm)을 구축한다고 기대되는 것의 총칭으로 파악하고, 이러한 관점에서 앞으로 설명한다.

4.1 나노디바이스의 개요

4.1.1 노이만(Neumann)형 아키텍춰에 의거한
　　　나노경보처리 디바이스

현재의 정보처리 기술은 거의 모두 노이만형의 아키텍춰에 의

거한 시스템으로 이루어져 있다. 장래의 디바이스는 나노스케일로 될 수 밖에 없는 이유를 정보처리 디바이스를 예로 들어 맨 처음에 설명을 시작한다. 정보처리의 퍼포먼스(performance) P는 클록 주파수(clock frequency) f 와 시스템을 구성하는 디바이스 수(device number) n, 정수 K에 의해 다음과 같이 표시된다.

$$P = K \cdot f \cdot n$$

그림 9는 이러한 관점에서 이제까지 실용화된 메인 프레임과 마이크로 프로세서의 성능을 정리한 것이다. 마이크로 프로세서는 대략 5년간에 성능이 한자리수 향상한다는 경향이 1970년부터 약 30년간 계속되고 있다. 이 급속한 진보의 원동력은 MOSFET의 비례 축소칙(比例縮小則) 즉 치수를 반으로 하면, 속도가 2배로 된다는 원리에 따른 디바이스의 고성능화에 있다.

그림 10은 MOS집적회로(IC)의 최소가공치수와 집적도의 경향을 나타낸 것으로서, 각각 3년간에 0.7배, 4배가 된 것을 알 수 있다. 그러나 금후 10년 정도 지나면 재료적, 물리적인 한계를 맞이하여, 그 이상의 치수 축소가 불가능하게 되어 그러한 급속한 진보에도 종지부가 찍힐 것으로 생각된다.

이 때문에 장래 초고성능 정보처리의 실현을 위해서는 그림 9에 PMSP(Personal Molecular Super Processor)로 표시한 성능을 가능케하는 새로운 패러다임의 빠르고도 작은 디바이스가 필요하다. 즉 앞으로 10~20년 뒤에는 프로세서의 성능이 10^2에서 10^4배로 증대된 디바이스가 필요하다. 이와 같은 디바이스를 실현하기 위해서는, 스위치 속도나 신호지연 등의 조건을 고려하면, 나노스케일로 하는 것이 필수적이다. 이와 같은 관점에서 지금까지 제안되어 있는 여러 가지 정보처리용 나노디바이스를 열거하고 그 특징을 고찰한다.

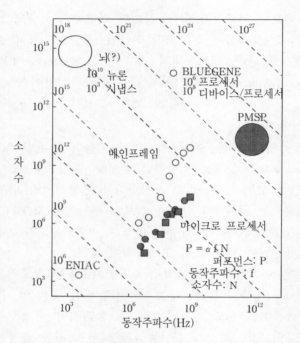

그림 9. 이제까지 실용화된 메인프레임과 마이크로프로세서의 성능 P를 클록
　　　주파수 f와 시스템을 구성하는 디바이스 수 n으로 표시한 그림. 후자는
　　　5년 사이에 성능이 10배로 증가했다.

　　정보처리용 나노디바이스는 이제까지 반도체, 나노입자, 나노튜
브, 분자·원자 등을 이용한 것이 제안되어 있다. 주요 동작원리
는 단전자 트랜지스터, 전계효과, 기계적 스위치 등이 있다. 아래
에 각각의 원리를 설명한다.

　1) 단전자 트랜지스터
　　반도체나 금속을 이용한 단전자 트랜지스터는 일본의 경우
NTT, 동경대학, 동경공업대학을 위시하여 많은 연구 그룹에서 발

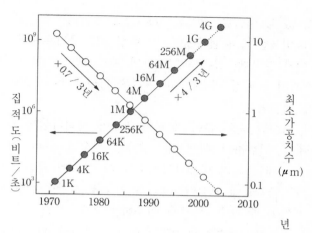

그림 10. MOS 집적회로(IC)의 최소가공치수와 집적도의 경향을 표시한 그림.
3년간에 각각 0.7배, 4배라고 하는 급격한 진보를 30년간 이상 계속하
고 있다.

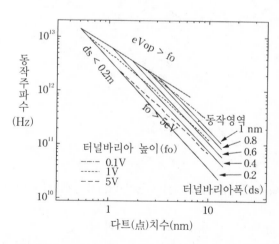

그림 11. 단전자 트랜지스터의 스위칭 성능. 양자점의 치수에 따른 계산치

표하고 있다. 이들은 전자선 묘화(描畵) 기술을 이용하여 수10nm 이하의 미세한 양자점(量子点)을 형성하고 극저온에서 동작을 실증한 예가 많은데, 실온동작을 보인 예도 보고 되었다. 단전자 트랜지스터의 스위칭 성능은 그림 11에 나타낸 바와 같이 양자점의 치수에 의존한다.

위에 기술한 봐와 같이, 현재의 반도체 패러다임을 뛰어넘는 높은 성능을 실현하기 위해서는 양자점 치수를 수nm 이하로 해야 한다. 그런데 종래의 미세가공기술로 이 치수를 실현하는 일은 원리적으로 불가능에 가깝다. 따라서 치수를 자기정합적(自己整合的)으로 제어할 수 있는 분자를 이용하는 것이 유리하다. 이와 같은 고찰에 기초를 둔 예로서 양자점에 C_{60} 분자를 써서 $10^{12}Hz$ 이상의 동작 속도를 기대하는 단전자 트랜지스터의 아이디어를 그림 12에 나타낸다.

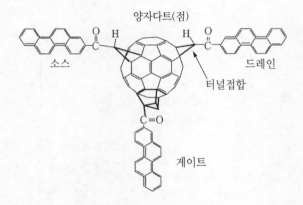

그림 12. 양자 다트로 C_{60} 분자를 사용한 단전자 트랜지스터의 모식도

2) 전계효과의 원리에 의거한 디바이스

현재 반도체 디바이스에서 주로 쓰고 있는 실리콘 MOSFET

와 같이, 나노튜브를 채널로 쓰고, 게이트에 전압을 가하여 전계효과로 채널에 흐르는 전류를 제어하려고 하는 시도가 델프트대학과 IBM 등에서 이루어졌다. 예를 들면, 나노 튜브를 산소 분위기 속에서 가열하면 p형으로 되고, 환원분위기 중에서 열처리하면 n형이 되는 것을 이용하여, 상보형(相補型) 회로(CMOS)를 형성하여 인버터 특성을 확인하는 예가 보고되었다. 한편 전계효과의 동작원리에 의거하여, 채널에 단백질이나 DNA 더 나아가 원자·분자 스케일의 극미세구조를 사용하는 디바이스도 제안되고 있다.

3) 기계적 원리에 의거한 디바이스

원자의 기계적 움직임에 의한 스위칭의 가능성은 IBM에서 1991년에 STM을 써서 실증되었지만, 그 스위칭 속도는 1Hz 정도로 극히 느린 것이었다. 그후 1992년에 그림 13에 표시한 원자 사이즈 세선(細線)의 도전성을 온·오프하는 애톰릴레이트랜지스터(ART)가 고안되었다. 그 외에 분자스케일의 기계적인 스위칭 디바이스에 대한 아이디어도 보고되었다.

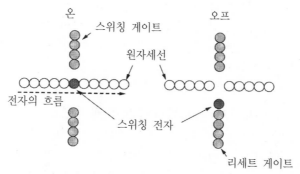

그림 13. 원자 크기의 도전성을 온·오프하는 애톰 릴레이 트랜지스터(ART)
       모식도

이들 디바이스는 어느 것이나 나노스케일 치수를 갖고 있으며, 동작속도 10^{12}Hz 이상으로 현재의 반도체 디바이스로 된 시스템보다 10^3배 이상 높은 성능을 나타낼 가능성을 갖고 있기 때문에, 정보처리의 새로운 패러다임을 가능케하는 디바이스로 기대된다.

4.1.2 비노이만형 아키텍춰에 의거한 나노정보처리 디바이스의 가능성

1) 양자 컴퓨팅의 전개

양자 컴퓨터를 구성하는 기본 디바이스는 양자 비트이다. 이것의 특징은 스핀 상태의 보존과 집속(coherent)된 전도이다. 종래의 양자(量子)비트는 NMR(핵자기공명장치)이나 레이저광을 이용하여 몇 비트의 실증이 되어 왔었다. 1999년에 고체의 양자비트로서 초전도 양자비트가 일본전기(日本電氣) 연구 그룹에 의해 처음으로 실증되었다. 그러나 아직 1비트의 실증에 그치고 다(多)비트 동작은 실증되지 않았다. 최근 동대 물리(東大 物理)의 쓰가다(塚田) 등에 의해, 분자 내부에 집속된 영구전류가 흐르는 것이 이론적으로 예언되었다. 이 현상은 단일분자를 양자 컴퓨터용 디바이스로 사용할 수 있는 가능성이 있음을 나타낸다. 이것으로 매우 작은 초고성능 컴퓨터를 개발할 가능성이 있으며, 금후 실증을 포함한 폭넓은 전개가 기대된다.

2) 뇌정보처리형 나노디바이스의 전개

뇌정보처리는 아직 그 구조 전모가 명백하게 밝혀져 있지 않으며, 디바이스 레벨까지 분류분석되어 있지 않기 때문에 디바이스 구축을 논하는 것은 어렵다. 그러나 그 기능을 인공적으로 구성하기 위해서는 뇌 속에서 일어나는 '랜덤한 배선의 구성과학습에 의한 선택'이라는 알고리즘을 취해야할 필요성이 반드시는 아니지만 보다 합목적적인 방식으로 구성하는 나노디바이스에 의하여 고성능 시스템의 실현이 가능할 것이다. 과학기술의 새 분야로서 대단히 흥미 깊은 영역이다.

4.1.3 기타 나노정보 디바이스의 가능성

1) 정보 축적용 나노디바이스

초고밀도 나노정보축적 디바이스로서는 홀버닝과 같은 파장다중기록(波長多重記錄)의 홀로그래피(holography)와 같은 위상광기록(位相光記錄), 근접장광(近接場光)을 이용한 기록, 프로브(탐침)기술을 이용한 기록 등이 연구되고 있다. 이중에서 기록 비트 치수를 원자·분자 레벨까지 축소할 수 있는 것은 그림 14에 모식도로 나타낸 탐침기술을 이용한 정보축적장치이다. 탐침 끝에서 공급되는 전자, 전계, 열 등에 의해 기록매체에 전하, 구조변화, 분극 등의 형태로 정보가 기입(써 넣게)된다. 현재 IBM, 경도(京都)대학 전자과의 마쓰시게(松重) 등이 여러 가지 방식을 연구하고 있다.

정보축적 디바이스로서 실용하는 데는 정보기록 밀도와 함께 정보 입출력 속도가 중요한 요소가 된다. 현재의 자기 디스크에서도 이미 10^8 비트/초를 넘는 읽어내기·써넣기(RAM) 속도가 실용화되고 있으며, 금후 더욱 고속화될 것이다. 일반적인 탐침기술로는 입출력 속도는 높아야 10^6 비트/초 정도이기 때문에 그림 14에 표시한 것과 같이 수백 대의 탐침을 병열화하는 일이 필요할 것이다.

2) 나노기능성 디바이스

약 25년 전 최초로 단일분자 레벨의 수광기능(受光機能)을

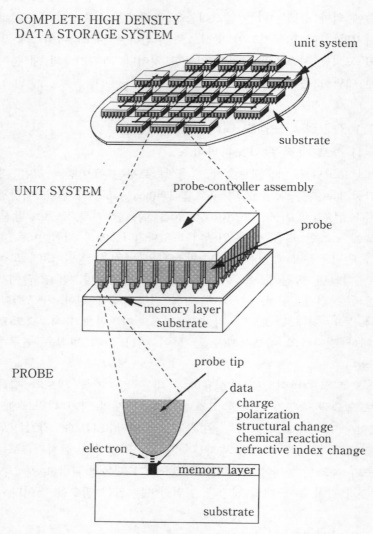

COMPLETE HIGH DENSITY
DATA STORAGE SYSTEM

unit system

substrate

UNIT SYSTEM

probe-controller assembly

probe

memory layer
substrate

probe tip

PROBE

data
charge
polarization
structural change
chemical reaction
refractive index change

electron

memory layer

substrate

그림 14. 프로브 기술을 이용한 정보축적 장치의 모식도

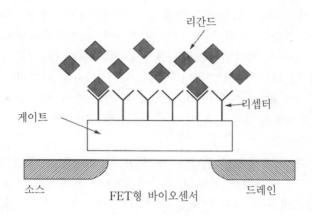

리간드

게이트

리셉터

소스   FET형 바이오센서   드레인

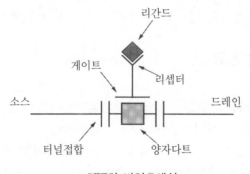

리간드

게이트

리셉터

소스   드레인

터널접합   양자다트

SET형 바이오센서

그림 15. 단전자 트랜지스터의 양자 다트 부분에서 리간드-리셉터 사이에 선택
      적인 반응을 일으키게 하므로써, 1개의 분자를 검출하는 포텐셜을 갖
      는 단일분자 센서의 모식도

실증한 것은 동공대 생명이공(東工大 生命理工)의 후지히라(藤平) 였다. 나노기능성 디바이스로서는 발광디바이스, 수광디바이스, 센서 등의 응용이 생각되며 넓은 전개가 기대된다. 한 예로서, 단전자 트랜지스터의 양자점 부분에서 리간드(ligand 배위자)-리셉터 (receptor 수용체) 사이의 선택적 반응을 일으켜 1개의 분자를 검출하는 포텐셜을 갖는 단일 분자 센서에 대한 아이디어를 그림 15에 표시한다.

한편, 최근 자성(磁性)분자나 초전도분자의 합성이 활발하게 보고 되고 있으며, 이들 기능성 분자를 디바이스 중에서 직접 사용할 수 있으면 이제까지 없었던 특징있는 성능의 디바이스를 실현할 수 있다. 더 나아가 이것을 이용한 시스템의 가능성도 크게 확대되기 때문에 일렉트로닉스 세계에 혁명을 가져올 것이다. 여기에는 자성이나 초전도 현상을 나노스케일로 관측하는 기술과 계측기술의 나노스케일화를 향한 연구도 대단히 중요하다.

4.2 장래의 전망

4.2.1 가까운 미래의 기대와 가능성

지금까지 나노스케일 디바이스의 동작원리에 대한 실증이 여러 가지 이루어지면서 그것이 가져올 가능성이 널리 인정되었다. 단기적으로는, 우선 실용적인 센서 수발광(受發光) 디바이스와 같은 기능성 디바이스의 연구개발과 함께 아키텍춰 측에서의 고찰에 의거한 정보처리 디바이스의 설계가 중요한 과제로 될 것이다. 한편, 학술적인 전개의 가능성으로서는 나노스케일로 모습을 나타내는 여러 가지 새로운 현상이 흥미 깊다. 상세한 것은 다른 장에서 설명하겠지만, 예를 들면, 미소구조의 양자 사이즈 효과를 비롯하여 곤도(近藤)효과, 구보(久保)효과 등등, 종래의 치수영역에서는 관측할 수 없던 현상을 볼 수 있게 된다.

4.2.2 장기적 전망

현재의 정보기술 패러다임은 앞으로 10~20년 뒤 한계에 이르는 것이 명백하다. 따라서 이에 대신한 새로운 패러다임을 쌓아 올리는 일은 세계적으로 중요한 과제이다. 나노정보 디바이스로 현재의 시스템과 비교하여 3자릿수 이상 적은 자원으로 3자릿수 이상 고성능 정보처리가 가능해진다.

나노정보 디바이스는 이 새로운 패러다임의 기초로서 필수적일 뿐만 아니라, 나아가 10~20년 후 신산업의 싹이 되는 것이다. 따라서 나노정보 디바이스는 21세기에 일본을 한층 발전시키는 원동력이 될 영역이며, 더 나가서 이 정보기술의 새로운 패러다임은 상호이해와 정보의 보편화를 통해 세계에 안정과 평화를 갖게 하는 기초를 제공한다고 생각된다.

<참고문헌>

Prospects and Problems of Single Molecule Information Devices, Y. Wada, M. TsuKada, K. Matsushige, M. Fujihira, T. Ogawa, M. Haga and. S. Tanaka, Jpn. J. Appl. Phys., 39 (7), 3835 (2000).

(和田恭雄)

제5장
원자와이어

1) 양자효과(量子效果)   2) 원자 사이즈 폭(幅)
3) 전기특성   4) 초미세가공

원자와이어란, 1원자~수개 원자 정도의 폭을 가진 세선을 가리킨다. 극한적인 가늘기 때문에 제작은 쉽지 않지만 최근에는 여러 가지 방법으로 뽑아낼 수 있게 되었다. 원자소자간의 배선으로 이용이 기대되고 있지만, 배선으로 끝나지 않는 흥미 깊은 성질을 나타낼 가능성을 지니고 있으며, 그 성질을 충분히 이해하게 되기를 기다린다.

5.1 원자와이어의 연구배경과 기본 특징

5.1.1 원자와이어와 나노와이어

궁극의 미세소자(微細素子)로서 원자·분자 사이즈를 가진 소자의 개발 가능성을 모색하는 움직임이 활발하다. 다른 모든 전자소자와 마찬가지로 원자·분자 사이즈의 소자도 무언가 신호를 입력하고 그것을 소자로 처리하여 출력하는 프로세스가 있다. 또한 하나의 소자에 많은 기능을 집적(集積)할 가능성도 있는데 많은

경우 복잡한 처리는 복수개의 소자를 접속하는 방법으로 하게 될 것이다.

이와 같은 신호의 입출력이나 소자간 접속 배선이 종래의 치수 대로이면, 시스템 전체의 소형화와 고집적화는 되지 않는다. 따라서 원자·분자 크기의 소자에는 원자 가늘기의 배선이 필요해진다. 이것이 원자와이어이다. 같은 개념으로서 나노와이어가 있는데, 원자와이어의 폭은 1원자~수원자 정도의 경우를 가리키는데 대하여 나노와이어 폭은 nm 단위의 폭으로 보다 폭넓은 와이어까지 포함한다.

5.1.2 원자와이어의 특징

원자와이어의 특징은 보통 스케일의 와이어, 즉 폭이 μm인 와이어와는 성질이 크게 다르다. 그 한 원인은 전자의 활동 변화(전자상태의 양자화)이고, 다른 하나의 큰 원인은 구조의 변화이다. 예를 들어 실리콘 기판상의 금속와이어를 생각해 본다. 폭이나 두께가 수 nm 이상인 경우에는 와이어가 금속결정과 똑같은 원자배열을 하지만, 원자와이어의 경우에는 기판의 영향을 강하게 받아 원자간격이나 배열방식이 변화하는 일이 많다.

이와 같은 구조변화에 수반하여 계의 성질도 크게 변한다. 또한 그외에 와이어의 궁극적 가늘기에 기인하는 단순한 양자화를 초월한 성질의 변화도 예상되고 있다. 예를 들면, 가느다란 와이어에 전자가 가두어지기 때문에 전자간의 쿠롱(Coulomb) 상호작용에 영향을 강하게 주어, 일반 금속 중에서의 전자의 상태(페르미 유체라고 불림)와는 다른 '아사나가(朝永)-래틴져 유체'라는 상태가 실현될 가능성이 있다.

5.2 원자와이어 연구의 현황

5.2.1 원자와이어의 제작방법

1) 대표적인 작업 방법 1

원자와이어의 제작은 현재도 결코 용이하지 않지만, 여러 가지 방법으로 성공한 예가 보고되고 있다. 대표적인 제작방법의 하나는 주사터널현미경(STM)의 탐침과 표면과의 사이에 적당한 바이아스(bias) 전압을 가하여 표면을 주사하면서 표면의 원자를 차례로 제거해가는 방법이다. 이 방법을 써서 수소원자로 씌워진 실리콘 기판에서 수소원자열을 제거하여 원자와이어를 제작한 예가 있다. 이 계에서는 수소원자를 보기 좋게 1열만 제거하는 것도 가능함이 실증되었다.

2) 대표적인 작업 방법 2

기판 표면에서 원자를 1개씩 움직여 가거나, STM 탐침에서 원자를 1개씩 떨어뜨리고 가거나 하여 원자와이어를 만드는 방법을 생각할 수 있다. 그러나 이 방법은 원자의 제거에 비해 제어가 어려우며, 원자 치수의 폭으로 그리고 균일성이 좋은 와이어의 제작이 어렵다. 예외적으로, 극저온에서는 이와 같은 가공에 성공한 예가 보고되었지만, 이렇게 제작된 구조는 온도가 실온으로 올라가면 깨어져 버린다.

3) 대표적인 제작 방법 3

이와 대조적으로, 장소에 따른 반응성의 차이를 잘 이용하여 와이어를 만드는 방법이 있다. 예를 들면, 앞에서 말한 수소원자열 제거에 의한 원자와이어에서는, 수소원자가 제거된 부분이 다른 원자와 화학결합을 하는 경향이 강한데 반하여, 수소원자로 둘러싸인 부분은 다른 원자와 결합하기 힘들다. 그러므로 수소로 둘러싸인 부분은 거의 자유로 돌아다닐 수 있는 원자(예를 들면 가륨 원자)를 표면에 많이 뿌려 놓으면, 수소원자가 제거된 부분에만 자연히 원자가 흡착하여 원자와이어가 된다. 이 방법으로 가륨 원자와 알루미늄 원자와이어가 이미 제작되었다.

4) 대표적인 제작 방법 4

이외에도 시스템이나 실험조건을 잘 선택하면 어느 정도 자발적으로 와이어를 성장시키는 방법이 여러 가지 제안되어 있다. 예를 들면 평평한 면 위와 단차부분(段差部分)의 성질 차이를 이용하여 단차 부근에 와이어를 만드는 법, 기판을 어느 정도 가열해 놓고 STM으로 한 군데를 자극하므로써 구조변화를 와이어 상태로 진행시키는 방법, 표면상의 단분자막의 한 군데를 자극하여 분자의 중합을 1차원적으로 진행시키는 방법 등이 있다. 이들 방법으로 만든 와이어는 현시점에서는 수소원자열 제거 와이어에 비교하여 폭이 상당히 굵지만 앞으로의 연구가 기대된다.

5) 기타 방법

완전히 다른 접근법으로 접촉시킨 2개의 금결정(金結晶) 표면을 서서히 떼어놓고 가는 방법이나, 금박막(金薄膜)에 전자선을 조사하여 금원자를 제거해가는 방법으로 원자와이어를 만든 예가 있다. 이 경우의 원자와이어는 기판 위에 있지 않고 진공에 떠 있기 때문에 구조가 부서지기 쉽다. 그러나 1원자열 와이어의 제작과 그의 전기특성 측정이 이미 성공하고 있으며, 원자와이어의 성질을 명백히 하는데 대단히 유용하다고 생각된다.

5.2.2 원자와이어의 성질 연구

1) 성질 측정 수단 - 주사터널분광법 -

와이어의 성질을 측정하는 수단으로서, 우선 주사터널 분광법을 들 수 있다. 앞서 설명한 수소원자열을 제거한 와이어의 경우, 와이어의 굵기나 기판 표면에 대한 방향에 따라 성질이 다른 것(금속적이었다가 반도체적이었다가 하는 것)이 이 방법에 의해 명백해지고 있다. 그러나 전자의 운동 용이성까지는 판별할 수 없기 때문에 이 방법으로는 금속적이라고 예상되어도 실제로는 전류가 흐르기 어려운 경우도 생길 수 있다.

2) 와이어의 전기특성을 확실히 알기 위하여

와이어의 전기특성을 보다 확실하게 알기 위해서는 와이어 양단에 전극을 연결하여 전류-전압 특성을 측정하는 것이 바람직하다. 그리고 전극과 와이어 접촉부분의 저항을 제외한 와이어의 전기 특성을 바르게 알기 위해서는 4개의 전극을 연결하여 측정하는 것이 바람직하다. 이와 같은 방향에서 예비적인 실험은 이미 하고 있지만, 와이어의 전기적 성질을 상세히 해석할 수 있는 데까지는 아직 진행되고 있지 않았다. 제일 어려운 것은 어떻게 전극과 잘 연결하느냐는 점이지만, 처음부터 미소한(그러나 원자사이즈에서 보면 큰) 전극을 만들어 놓은 상태에서 원자와이어를 만드는 방법이나, 복수의 탐침을 갖고 있는 STM을 이용하는 방법 등 여러 아이디어가 나와 연구를 진행하는 단계이다.

다른 한편, 두 표면간을 연결하는 원자와이어의 경우, 와이어에 비교적 용이하게 전류를 흘릴 수가 있다. 이 실험 결과 와이어의 굵기가 가늘어짐에 따라서 전도성이 작아지는 것, 나아가 그 전도성의 값이 양자화되어 있는 것이 분명하게 되었다.

3) 전기 특성 이외의 사항

전기 특성 외에 예컨대 STM 탐침으로 전자를 주입하여 발광(發光)을 조사하는 등, 몇 가지 선구적인 실험이 있으나 실험이 어렵기 때문에 아직 와이어의 성질을 충분히 조사하지 못한 단계에 있다.

이와 대조적으로 실험이 아니고 이론 계산으로 원자와이어의 성질을 밝히려는 시도가 있다. 특히 금속 전극간의 원자열이나 수소로 싸여있는 실리콘 표면상의 원자와이어 등에 관하여 계산으로 성질을 조사하는 연구가 다수 보고되어 있다. 수소제거 열에 가름 원자를 흡착시킨 세선이 자석으로 될 가능성이 예측되는 등, 보통과는 아주 다른 성질이 나타날 가능성도 보이고 있다.

5.3 장래 전망 – 기초와 응용 양면 모두 지금부터

5.3.1 원자와이어의 성격과 구조의 문제

이미 설명한대로 원자와이어의 성질은 보다 굵은 와이어와 크게 다를 가능성이 있다. 거기에 종래 없었던 현상이 보이거나, 알려져 있던 현상이라도 그것이 보다 현저한 형상으로 나타나거나 하면 대단히 흥미롭다. 그러나 이들의 성질은 아직 충분히 알고 있지 못한 것이 현재 상태이다. 가까운 미래의 과제로서 우선 원자와이어가 갖는 성질을 명백하게 하고, 그 다음에 성질과 구조와의 관계를 밝히는 작업이 시도될 것이다.

흥미로운 성질이 확인될 경우, 단순한 배선이 아닌 다른 응용의 길도 열린다. 예컨대 자석으로 되는 원자와이어는, 고밀도는 자기기억매체나 초고감도 자기저항헤드로 응용될 가능성을 갖고 있다.

이것은 원자와이어를 배선으로 쓴다 해도 단순히 전류만 흐르게
할 뿐만 아니라, 와이어 부분으로 쓴다 해도 기능을 주어 새로운
형식의 회로를 만들 가능성을 간직하고 있다.

5.3.2 실용화의 과제

원자와이어의 실용화에는 물성해명(物性解明) 외에 몇 가지 커
다란 과제가 있다. 예컨대 수소원자열을 제거한 와이어는 공기 중
에서는 즉시 산화되어 성질이 크게 변화한다. 이 때문에 원자와이
어를 보호하는 피막에 관해서도 검토하지 않으면 안 된다. 또한
만드는 속도도 문제이다. 현재의 원자와이어 제작기술은 복잡한
배선을 실용적인 속도로 대량 만들기 위해서는 속도가 너무 늦다.
어느 것이나 쉽지 않은 문제이지만 해결을 위한 연구가 이미 착
수되었다.

5.3.3 기초과학면, 응용기술면의 연구는 이제 부터

어느 쪽이든 기초과학면에서도 응용기술면에서도 원자와이어가
갖는 잠재적 가능성은 아직 그렇게 명백하지는 않지만 원자와이
어의 성질 해명은 앞으로 발전해 갈 것이 기대된다.

<참고문헌>

森田 淸三 編著 「走査型프로브顯微鏡 基礎와 未來豫測」 (丸善, 2000)

(渡邊聰)

제6장
원자 스위치

1) 터널 갭(Tunnel gap)
2) 원자가교(原子架橋)
3) 양자 점접촉(量子 點接觸)
4) 양자화 전기전도(量子化 電氣傳導)
5) 고체전기화학반응
6) 나노디바이스

포인트는 무엇인가?

전기적인 접속과 절단, 혹은 보다 일반적으로는 저저항(低抵抗)과 고
(高)저항 상태를 변화시키는 스위치의 변환을 원자의 움직임으로 하는 것
을 원자 스위치라 한다. 아직 기초연구 단계이지만, 차세대 일렉트로닉스
에 있어서의 새로운 스위치로 쓰일 가능성을 가지고 있다.

6.1 일렉트로닉스에 있어서의 스위치

오늘의 일렉트로닉스의 스위치에서는 저저항과 고저항을 반도
체의 마이크로적인 영역의 전기저항을 제어하므로써 변환하고 있
다(전계효과 트랜지스터를 비롯한 반도체를 이용한 여러 가지 트
랜지스터). 마이크로적인 강자성체의 자화 방향을 제어하여 자기
저항을 변화시킴으로써 전기저항을 제어하는 방법도 곧 실용화
될 예정이다(자기 랜덤 액세스 메모리). 또한 전자간의 정전반발
(靜電反撥) 에너지를 제어하여 나노스케일의 전기저항을 제어하는

방법(단전자 트랜지스터, 단전자 메모리)도 왕성하게 연구되고 있다.

또한 단전자의 스핀 방향을 제어함으로써 터널 자기저항을 변화시켜 나노스케일의 전기저항을 제어하는 방법(스핀 의존 터널효과소자)도 연구되고 있다. 이들 스위치는 구조는 불변인체 전자상태만 변화시켜 전기저항을 제어한다. 이와는 대조적으로 원자 스위치는 원자의 움직임 즉 구조의 변화를 통하여 전기저항을 제어한다.

6.2 최초의 원자 스위치

원자 스위치(atomic switch)라는 말은 아이글러(Eigler) 등[주1]이 처음으로 사용했다. 그들은 전체를 4K로 냉각시킨 텅스텐 탐침을 쓴 주사터널현미경(STM)에서, 니켈 단결정의 (110) 표면에 희유개스 원자인 크세논(Xe, Xenon) 원자를 희박하게 흡착시킨 것을 시료로 하고, 어느 1개의 Xe원자 바로 위에 탐침을 고정했다. 이 상태에서 탐침에 정(正)의 적절한 바이어스 전압을 가하면 Xe원자가 시료에서 탐침 끝으로 이동하는 것이 있었고, 탐침의 바이어스 전압을 적절한 부(負)의 전압으로 변환하면 Xe원자가 다시 시료에 되돌아오는 것이 보였다. 이 과정은 가역적이다.

탐침과 시료 간극(間隙)의 터널저항은 간극의 전자상태에 민감하게 의존하므로 그것은 Xe원자가 탐침 끝에 있는지 시료 위에 있는지에 따라 현저하게 다르다. 이렇게하여 원자의 위치를 전압의 극성에 따라 변화시켜 전극간의 전기저항을 제어하는 2단자 스위치가 실현되었다. Eigler 등은 이것을 원자스위치라 불렀다.

6.3 다른 형식의 원자 스위치

다른 형식의 원자 스위치를 Smith[주2]가 제시했다. 원자스케일의 미소금속접촉(전자의 페르미 파장과 같은 정도이거나 그 이하 치수의 단면을 갖는 접촉을 의미한다. 점접점(点接点)이라 불리기도 한다)의 전기저항 R은 $h/2e^2$(h는 프랑크 정수, e는 전자의 전하)의 거의 정수(整數) 분의 1 즉 $R=(h/2e^2)/n$ (n은 정수)로 양자(量子)화 되는 것이 이론적으로[주3] 그리고 실험적[주4,5)으로 나타나 있다. Smith 등은 니켈 탐침과 금(金) 시료로 STM과 유사한 배치를 구성하고, 탐침의 시료에 대한 접촉상태를 탐침을 탑재한 피에조 (piezo) 소자에 가하는 전압으로 변화시켜 탐침과 시료 사이의 전기저항이 어떻게 변화하는지 감시했다. 측정은 4.6~8.6K의 헬륨 기체 중에서 했다. 그 결과 고저항의 비접촉 터널 접합상태와 저저항 접촉상태($R=h/2e^2=12.9$kΩ) 사이에서 가역적인 변환이 가능하다는 것을 알았다. 이 원자 스위치는 탐침과 시료 외에 탐침을 탑재한 피에조 소자에 전압을 가하는 단자도 있는 3단자 스위치 이다.

6.4 최신의 원자 스위치

최근 또 다시 다른 형식의 원자 스위치가 개발되었다[주6,7]. 이 원자 스위치에는 고체전해질(固體電解質) 즉 이온과 전자가 함께 전기전도에 기여하는 물질이 이용된다. 실증실험(實証實驗)을 위해 사용된 고체전해질은 유황화은(硫黃化銀, Ag_2S)이다. 이 물질 중에서는 Ag^+이온과 전자 e^-가 다 함께 전기전도에 기여한다. 유화은

(금속은으로 보유되는)을 한쪽 전극으로 하고, 이것을 다른 쪽 전극 예컨대 백금전극에 nm 정도까지 접근시켜, 백금전극에 적절한 마이너스의 바이어스 전압을 가하면, 최접근한 부분에서 터널전류가 흐르고, 동시에 유화은 전극의 돌출 끝에서 은원자의 클러스터 (cluster)가 석출되어, 이것이 양전극에 가교 역할을 하여 전기적 접속이 일어난다.

백금전극의 바이어스 전압을 적절한 플러스 값으로 변환하면, 은 원자의 클러스터는 유화은 전극에 재차 녹아들어가 양전극의 전기적 단절이 일어난다. 이 접속과 단절은 고체전기 화학반응에 의해 일어나는 것이고 가역적으로 되풀이할 수 있다. 실온의 공기 중에서 고속의 스위칭(10GHz 정도까지 가능하다고 예상된다)을 저전압(10mV 정도)으로 안정되게 일으킬 수 있게 하는 것이 이 원자 스위치의 특징이다.

이 원자 스위치를 2개 조합한 AND, OR, NOT 논리 게이트가 이미 시험제작되었다. 또한 은 클러스터가 양(兩) 전극을 브리징하여 전기적 접속이 일어날 경우 그 전기저항은 $h/2e^2 = 12.9k\Omega$ 의 거의 정수분의 1로 양자화되는데, 임의의 양자화값을 전압제어에 의해 선택할 수 있다. 이를 이용한 다중치(多重値) 메모리 (multivalued memory)도 이미 시험제작 되었다.

6.5 원자 스위치의 장래

원자 스위치는 원자의 움직임을 이용하기 때문에 스위칭 속도가 느리지 않을까 잘못 생각할 수 있는데, 이는 마크로 세계의 경험에 의한 오해이며, 원자는 1nm의 공간을 ps 정도의 단시간에 움직일 수 있다(실온의 경우). 원자 스위치는 접속과 단절의 전기저항 비가 큰 스위치 치수를 원자 스케일까지 축소할 수 있는 특징도 가지고 있어 차세대 나노전자공학에 실용될 가능성이 있다.

\<참고문헌\>

(주1) D. M. Eigler, C. P. Lutz, W. E. Rudge, Nature 352 (1991) 600

(주2) D. P. E. Smith, Science 269 (1995) 371

(주3) E. Tekman and S. Ciraci, Phys. Rev. B43(1991) 7145

(주4) J. K. Jimzewski and R. Moller, Phys. Rev. B36 (1987) 1284

(주5) U. Durig, O. Zuger, D. W. Pohl, Phrs. Rev. Lett. 65 (1990) 349

(주6) K. Terabe, T. Hasegawa, T. Nakayama, M. Aono, To be published

(주7) K. Terabe, T. Hasegawa, T. Nakayama, M. Aono, R1KEN Review No. 37 (2001) 7.

(靑野正和 그룹)

제7장
나노자성(磁性)

키워드

1) 거대자기저항효과   2) 자성 나노 클러스터 배열
3) 자기형성(自己形成)   4) 초상자성(超常磁性)

포인트는 무엇인가?

자성체에서도 나노 스케일 구조를 제어할 수 있도록 되어, 마크로의 자성체에는 없는 독특한 성질이 계속 발견되고 있다. 10여년 전에 발견된 자성금속을 포함한 다층막의 거대자기 저항효과를 이용한 소자가 자기디스크 장치의 읽기쓰기용 헤드로서 이미 실용화되어 있다. 또한, 이 효과를 이용한 집적(集積)디바이스나 나노스케일의 자성 클러스터 배열을 응용한 고기능 고밀도의 자기 메모리 개발이 추진되고 있다.

7.1 나노자성 연구의 현황

7.1.1 거대자기 저항효과

1) 나노자성이 주목의 단서

나노자성이 주목받게 된 단서의 하나는 철과 크롬으로 된 수 나노미터 주기의 다층막에서, 자장을 반전시키면 대단히 큰 저항변화가 관측된 것이다. 이와 같은 거대 자기 저항효과의 열쇠가

되는 미캐니즘은 외부 자장을 반전시켰을 때 2개의 다른 자성체 층에서 자화가 동시에 반전되지 않는다는 것이다. 그것은 전기전도를 담당하는 전자의 자성체와 비자성체 계면(界面) 부근의 산란강도(散亂强度)가 2개 자성체의 자화방향이 일치하고 있는지 반대 방향인지에 따라 크게 다르기 때문이다.

이 효과를 보다 크게 하기 위해 반(反)강자성을 가진 재료와 짜맞추거나, 자성체간에 터널접합을 만드는 등 여러 가지 연구가 되어왔다. 현재 자기 디스크 기억장치용 헤드로서는 반강자성 박막을 조합한 스핀 밸브(spin valve) 소자가 실용화되어 있다. 근래에 그 기억용량이 급속하게 증대한 것은 이의 실용화 덕이다. 현재로는 또 다른 용량 증가를 목표로 보다 어려운 기술인 터널 접합소자의 실용화를 추진하고 있다.

2) 나노크기의 금속자성체로서의 원자와이어

거대한 자기저항이 나타나는 나노크기의 금속자성체로서 원자와이어가 있다. 직경이 1nm 이하 상자성(常磁性) 금속 세선에서는 전기전도도가 양자화된다는 것이 알려져 있다. 그 양자화 값은 세선부의 전자상태에 의해 결정된다. 자성금속으로 만든 세선의 경우에도 같은 양자화가 일어나지만 자성체에서는 외부자장에 의해 세선부분의 전자상태가 변화한다. 그러므로 자장이 없을 때 어떤 값으로 양자화되어 있던, 전기전도도가 자장 중에선 다른 양자화값으로 변화하여 커다란 자기저항이 생기는 경우가 있다. 이 거대자기 저항효과는 대단히 작은 공간에서 일어나는 현상이므로 초소형 자장센서로 응용이 기대되고 있다.

7.1.2 고립된 자성 나노 클러스터

1) 강자성체 금속의 나노 클러스터

니켈과 같은 강자성체 금속의 나노 클러스터에서는 원자 1개당 자기 모우먼트가 마크로 금속자성체에 비해 크다. 이것은 작은 클러스터에서는 전자의 궤도운동에 기인하는 자기 모우먼트가 존재하는데 대하여, 마크로 자성체에서는 그것이 전자의 편력성 때문에 소실되고 있기 때문이다. 실제로 진공 중에 고립된 자성 나노 클러스터를 측정하면 1원자당 니켈 미립자의 자기 모우먼트는 원자가 몇 개인 경우에는 벌크값의 3배 가까이 된다. 그러나 원자의 수가 증가함에 따라 궤도에 따른 자기 모우먼트는 적어져 600~700개로 되는 클러스터에서는 자기 모우먼트는 마크로인 자성체와 같게 된다.

이 경향은 코발트나 철 클러스터에서도 같다. 자기 모우먼트의 원자수 의존성에서 흥미를 갖게 하는 것은, 이러한 일반적 경향에 더하여 소수의 원자가 모인 경우에도 특정한 원자수(마법수)에 있어서 자기 모우먼트가 작아지는 것이다. 이것은 마법수의 원자가 모이면 궤도운동에 의한 자기 모우먼트가 양자역학적 효과로 작아지기 때문이다.

2) 초상자성(超常磁性)

이와 같은 작은 강자성 나노 클러스터에서는 각 클러스터 내의 자기 모우먼트 향은 강자성적인 자기 상호작용 때문에 일치되어 전체적으로 거대한 자기 모우먼트가 출현한다. 그러나 격자계(格子系)와의 상호작용이 약하기 때문에 그 자기 모우먼트는 일반 상자성체와 같이 자유로운 방향을 향할 수가 있다. 이와 같은 자성은 초상자성이라 불린다.

고립된 자성 나노 클러스터가 갖는 초상자성을 그대로 기술에 이용하는 것은 어렵지만 다음에 설명하는 것과 같이 고체 표면에 클러스터를 고정하고 자기 모우먼트의 방향을 제어할 수 있으면 응용의 길은 넓어진다.

7.1.3 고체표면상의 자성 나노 클러스터 배열

1) 고립된 금속자성체 나노 클러스터의 형성

고체 표면상에 금속자성체를 증착(蒸着)시켰을 때 자성금속 원자가 표면에서 확산운동을 할 수 있으면, 고립된 금속자성체 나노 클러스터가 형성되는 것이 알려져 있다. 이처럼 형성된 표면상의 자성 클러스터는 서로 접하여 있지 않으면, 위에서 설명한 진공 중의 자성 나노 클러스터와 마찬가지로 거대한 자기 모우먼트를 나타낸다.

또한 온도가 아주 높으면 그것은 초상자성을 나타낸다. 그러나 금속 표면에 증착되었을 경우에는 기판원자와 자성원자가 치환하기 때문에 순수한 자성금속 클러스터가 되지 않을 수 있다. 또한 자성원자와 기판 사이에 전하이동이 일어나기 때문에 완전히 고립된 클러스터와 비교하여 자기 모우먼트가 작은 경우도 있다. 일반적으로는 이와 같이 하여 형성된 나노 클러스터의 공간분포는 난잡하여 클러스터간의 거리에 흐트러짐이 있다. 그리고 이 나노 클러스터의 크기와 간격에는 일정한 관계가 있어 독립적으로 변화시키는 것은 불가능하다.

2) 자성 나노 클러스터 2차원 배열을 제작

최근 고체 표면에 자기형성적(自己形成的)으로 형성된 나노 스케일의 패턴을 이용하여 자성 나노 클러스터 2차원 배열을 만들 수 있게 되었다. 이 방법의 이점은, 자성 나노 클러스터 간의 거리가 기판 표면구조에 의해 정해져 있고, 클러스터의 크기를 상호간의 거리와 독립적으로 변경시키는 것이 가능하다.

표면의 나노패턴 중에서도 가장 잘 연구되어 있는 계는 청정금(淸淨金) (111) 표면상의 헤링 본(herring bone) 구조이다. 이 표면에서는 금 원자의 배열이 결정격자 주기에 비해 23배의 장주기로 변조하고 있다.

또 질소가 흡착된 구리 (001) 면 상의 자성 나노 클러스터 배열도 연구되고 있다. 이 표면에서는 질소 흡착량을 제어하므로써 그림 16의 (a)처럼 한변이 5nm인 정사각형의 질소흡착 표면이 폭 2nm의 깨끗한 구리(001) 표면을 사이에 두고 정방격자를 형성하는 구조를 만들 수 있다. 이와 같은 장주기 구조가 될 수 있는 이유는 표면의 격자 스트레인의 에너지를 감소시키기 위해서이다.

또한 이들 표면상에 코발트 등의 강자성 천이(遷移) 금속을 증착하면 기판의 장주기 구조와 주기가 일치한 나노 클러스터 배열이 된다. 질소 흡착 구리 표면에서는 그림 16의 (b)와 같이 동(銅)

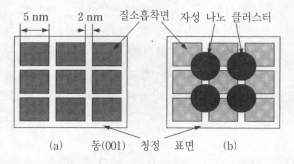

그림 16. 질소가 흡착한 구리 (001) 면 (a)와 그 위에 형성된 자성 나노 클러스터 배열 (b)의 모식도. 표면의 질소 흡착량을 조정하므로써 질소 흡착한 정방형의 패치를 정방격자상으로 (a)처럼 배열할 수 있다.

청정 표면 세선의 교차점에 선택적인 자성 나노 클러스터가 형성한다.

3) 초상자성으로 되지 않는 연구가 필요

이들 자성 나노 클러스터 배열에서 클러스터간의 상호작용이 강해지면, 초상자성 상태에서 자기적으로 결합한 모든 클러스터의 자기 모우먼트가 일치하는 강자성에의 전이가 관측된다. 실제 표면에 원자 높이의 단이 있어 거기서는 자기 상호작용이 작게 되어 있으므로 수십에서 수백 개의 클러스터로 되는 영역이 1개의 자구(磁區)를 형성하게 된다. 그리고 그 크기는 균일한 자성 박막의 자구보다 조금 작은 정도이다.

따라서 이 표면 자기 나노 클러스터 배열의 고밀도 자기기억소자로의 응용은 각 클러스터의 자기 모우먼트를 고정하여 초상자성이 되지 않도록 하는 연구가 필요하다. 그러기 위해서는 각각의 자성 나노 클러스터에 강한 자기이방성(磁氣異方性)을 주면 좋다. 그래서 금(111) 표면에서는 나노 클러스터 배열을 다층막으로 함으로써 자기 모우먼트에 이방성을 주는 시도가 이루어지고 있다. 또한 단체(單體)의 천이금속이 아니고 자성합금을 사용함으로써 자기 이방성을 크게 하는 방법도 고려되고 있다.

7.1.4 자성세선배열(磁性細線配列)

금속의 (111)면이나 (110)면의 저지수면(低指數面)에서 미경사(微傾斜)진 표면을 열처리하면 저지수면의 좁은 영역이 계단모양으로 나란히 서 있는 표면을 만들 수 있다. 이 표면상에 다시 자성금속 원자를 증착시키면 자성박막이 표면의 계단부근에 선택적으로 흡착하는 경우가 있다. 이 현상을 이용하면 등간격으로 나란히 선 1

차원 자성세선배열을 만들 수 있다. 실제로 구리(111)면이나 텅스텐(110)면 상에서는 폭이 수 nm이고, 간격이 10nm 정도인 철자성 세선열이 만들어지고 그 자성도 측정되고 있다.

이와 같은 자성세선의 자화방향은 계에 따라 달라, 이 두 가지 예의 자화는 세선에 수직방향을 하고 있다. 한편 은(001)면상의 철에서는 자화 방향이 세선방향이다. 자화의 방향은 세선표면에 다시 다른 금속이나 개스를 흡착시키므로써 변화한다는 것이 알려져 있다. 또한 이 계에서는 세선열간의 자기 상호작용 때문에 2차원 계의 강자성으로 된다.

이 상호작용은 세선 내의 스핀 사이에 작용하는 교환 상호작용과는 다른 자기 쌍극자(雙極子) 상호작용이므로, 쌍극자 초강자성이라 부르는 일도 있다. 그리고 학술적으로는 다양한 자기 이방성과 강자성 발현의 기원에 흥미를 갖고 있다. 아직 연구가 진전되지 않았으나 이러한 자성세선의 거대자기저항효과와 같은 전기전도현상에 흥미를 갖고 있다.

7.2 나노자성의 응용과 장래전망

7.2.1 자기센서로의 응용

거대 자기저항 효과는 이미 실용화된 나노자성의 응용의 한 예이다. 그러나 이러한 효과가 나타나는 계가 다양하여 보다 고성능 자기센서 개발이 진척되고 있다. 문제점의 하나로 소자의 안정성이 있다. 예컨대 터널 접합소자의 자기 헤드 응용에는 저항이 얕고 자기저항이 큰 터널접합을 만들 필요가 있다. 그러기 위해서는 2개의 강자성층 사이에 끼워진 1nm 정도 두께의 안정적이고 균일한 비자성 절연체 층을 만들지 않으면 안된다. 또한 고체 표면

에는 여러 가지 자기 나노구조를 형성할 수 있다. 이것을 전기전
도와 결부시킬 수 있다면 한층 더 응용범위가 넓어질 것이다.

7.2.2 자기 메모리로의 응용

터널 접합소자는 자성 랜덤 액세스 메모리(RAM)로서도 기대되
고 있다. 여기서는 자기센서와 같은 성능에 추가하여 고집적을 위
한 균일성도 요구된다. 또한 고밀도 자기기록 매체로서 갖는 자성
나노 클러스터 배열에는 개개의 미소한 클러스터의 자화가 고정
될 필요하며 어떻게 커다란 자기 이방성을 갖게 하느냐가 풀어야
할 과제이다.

7.2.3 장래전망 – 나노자성의 이용은 정보화사회를
풍요롭게 한다

거대 자기 저항효과의 이용은 아직 시작에 지나지 않는다. 연구
실 레벨에서는 눈부신 시스템이라도 실용화에서는 저항치의 최적
화 개량과 안정된 소자를 만들기 위한 제조기술 개발이 불가결하
다. 또한 나노 클러스터 배열에서는 금후의 물질 탐색에 의한 자
성의 개량이 실용화의 열쇠이다. 현재의 연구 흐름으로 판단하면,
이들은 수년 내에 해결되고 나노자성을 이용한 기술이 정보사회
를 한층 더 풍요롭게 만들어 갈 것으로 기대된다.

〈참고문헌〉

固體物理 32(1997) No. 4, 巨大磁氣抵抗の 新展開, アグネ技術センター

(小森文夫)

제8장
나노스핀트로닉스 (Nanospintronics)

키워드

1) 스핀
2) 자기기억매체(磁氣記憶媒體)
3) 광 아이솔레이터
4) 초고속 광스위치
5) 양자정보처리(量子情報處理)
6) 자기센서
7) 스핀 트랜지스터
8) 집속(coherent)제어
9) 거대자기저항
10) 패러데이(Faraday) 회전
11) 단(單)전자 강자성 터널접합
12) 테라헤르츠대(terahertz band)

포인트는 무엇인가?

현대 일렉트로닉스에서 주역 노릇을 하는 것은 전자의 전하(電荷)이지만, 전자가 가진 또 하나의 자유도인 스핀을 전하와 함께, 혹은 협력적으로 활용하여 일렉트로닉스를 새로운 지평으로 유도해가는 새로운 흐름이 있다.

8.1 나노스핀트로닉스란

나노스핀트로닉스란 나노스케일의 재료를 이용하여 스핀의 자유도를 적극적으로 활용한 일렉트로닉스를 가리키며, (나노) 스핀 일렉트로닉스라고 부르는 경우도 많다. 현대 일렉트로닉스에서 주역을 연출하는 것은 전자의 전하이지만, 전자가 갖는 더 한 개의 자유도인 스핀을 일렉트로닉스의 새로운 자유도로 하여 전하와 함께 혹은 협력적으로 적극 활용하려 하는 새로운 흐름이 나노스핀 일렉트로닉스이다.

8.2 스핀이란 무엇인가

스핀을 설명할 때 우리와 친근한 가장 간단한 모델은 자전하는 팽이이다. 팽이는 축의 둘레를 회전하면서 서 있는데, 거꾸로 설 수도 있다. 또한 팽이는 회전축인 수직축 주위를 도는 목흔들기 운동(세차운동, 歲差運動)을 일으킨다. 전자의 스핀이란 팽이처럼 자전하는 자유도로 파악되는데, 자유도는 자전방향에 따라 우회전과 좌회전 2가지의 자유도 밖에 없다.

전자의 스핀이 갖는 이 2개의 자유도(상향 스핀, 하향 스핀이라 부른다)는 전기전도나 광응답(光應答)을 다채롭게 한다. 이 현상의 뿌리에 있는 물리법칙은, 같은 방향의 스핀이 서로 반발하는 파울리(Pauli)의 원리, 자장 중에 있는 상향 스핀과 하향 스핀으로 에

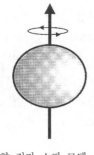
상향 전자 스핀 모델

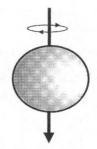
하향 전자 스핀 모델

그림 17.

너지가 분열하는 것, 스핀의 스핀각운동량(角運動量)과 이와 상호
작용하는 빛이 가진 각운동량의 총화를 보존하는 것이다.

8.3 나노스핀트로닉스에 관한 물질과학과 물성물리학의
   진보

자기 기억매체로 대표되는 자기 테이프나 하드디스크 등의 자
성·스핀에 관한 재료는 현대생활에 깊이 관련되어 있다. 자성체
가 갖는 자기 스핀이 이들 자기기억 매체에 널리 사용되어 왔지
만, 자기 스핀 이외에도 전자의 스핀을 전하 이외의 전자가 갖는
또 하나의 자유도로 파악하고, 전자 디바이스의 또 다른 자유도로
서 적극 활용하려는 연구가 진행되어 새로운 반도체, 희박(希薄)자
성반도체, 산화물이나 자성체가 활발히 연구되고 있다.

8.3.1 광일렉트로닉스 분야

광일렉트로닉스 분야에서 스핀은 광아이솔레이터 외에는 이제
까지 실용 전자 디바이스로 거의 사용되지 않은 전자의 자유도였
다. 그러나 전자가 반도체 중을 스핀상태를 유지한 체 $100\mu m$나
되는 마크로적인 스케일로 전파하거나, 100ns(1ns은 10억분의 1초;
짧은 시간이지만 광여기전자의 수명 또는 최초로 스핀상태를 만
드는 펨토(femto)초의 광펄스 시간에 비하면 상당히 길다) 정도의
긴 시간 동안 전자가 스핀 상태를 유지하는 경우가 발견되어 새
로운 스위치나 초고속 광스위치, 양자정보처리 큐비트(q-bit) 등으
로 이용될 가능성이 지적되고 있다.

특히 양자정보처리는 컴퓨터 성능의 비약적 향상에 필수적이라
고 생각되며, 반도체 중의 긴 코히런스시간을 갖는 전자스핀 상태

나 핵 스핀은 양자정보처리 큐비트를 만드는 후보로서 유력하다. 이 때문에 많은 가능성이 있는 새로운 나노구조를 이용한 스핀트로닉스를 발전시켜 차세대 정보처리기술의 기초를 만들 필요성이 지적되고 있다.

8.3.2 자기 일렉트로닉스 분야

한편, 자기전자공학 분야에서도 최근 기초연구 레벨에서는 큰 진보가 있다. 보다 실용화가 가까운 것으로는 거대자기저항 효과를 가진 고밀도자기메모리와 고감도자기센서로의 응용이 있고, 큰 자기광학효과를 나타내는 신나노 소재로서, 또한 현재 사용하고 있는 자기메모리, 광자기기록, 광아이솔레이터 성능을 비약적으로 고도화시킬 가능성이 높다. 또한 단전자 동작을 하는 자성체 나노구조에서는, 전자스핀의 상태가 전자전도를 지배해 왔다. 이 현상은 극히 민감한 자기센서나 자기메모리 및 스핀 트랜지스터를 가능케 한다.

신재료는 예기치 않던 새로운 응용에 기대를 모은다. 희박자성반도체, 유기분자, 금속나노구조의 네트워크, 양자다트 네트워크 등이 새로운 나노스핀트로닉스 재료로서 탐색되고 있다. 이들 연구로부터 새로운 테라헤르츠대의 광소자나 자기기록매체 등에 이용할 나노스핀트로닉스 재료가 발견될 가능성이 있다.

8.4 나노스핀트로닉스의 현황과 장래 전망

나노스핀트로닉스는 극히 최근에 많은 약진이 이루어져 세계적으로 주목되기 시작한 분야이다. 많은 꿈을 갖게 하는 기초연구가 급속히 진전되는 한편, 응용연구는 아직 한정되어 있다. 확실하게 실용화되는 신소재가 등장하면 나노스핀트로닉스는 폭발적으로 발전할 것을 기대할 수 있다. 정보기술을 뒷받침하는 반도체산업과 자성체산업의 접점에 있으며, 그 양쪽의 산업에 극히 큰 임팩트를 줄 가능성이 있다. 나노스핀트로닉스에 덤벼들기 전에 유의해야할 사항은 물리, 물질과학, 응용물리, 전자공학, 정보과학의 전문가가 연대하여 다른 분야의 발전도 알면서 연구할 필요가 있다는 것이다.

실용화 사업화에의 응용
산업화의 가능성으로 다음과 같은 전개가 생각된다.

8.4.1 전자 스핀의 간섭성제어의 연구
반도체 중을 전자가 스핀 상태를 유지한 채로 마크로적인 스케일로 전파되거나 전자 스핀과 핵 스핀의 완화가 긴 간섭성시간을 유지하는 경우가 발견되어 새로운 스위치나 초고속 광스위치, 양자정보처리 큐비트 등으로 이용될 가능성이 지적되고 있다.

전자나 핵의 스핀이 간섭성인 긴 시간동안 펨토(femto)초 광펄스에 의하여 상향스핀과 하향스핀이 임의의 선형 결합상태를 형성하고 이것을 간섭성 제어함으로써 광펄스의 시간 폭만으로 결정되는 초고속 광스위치, 양자 정보처리 규비트로 하는 것이 가능하다.

8.4.2 거대 자기저항을 나타내는 물질의 연구
자성이온을 포함하는 자성반도체나 자성산화물로 거대 자기저항을 나타내는 물질과 나노구조 물질이 발견되고 있다. 이러한 물질은 자기센서나 자장에 의한 전도스위치로 유용하여 물질의 탐색이나 구조의 최적화 연구로 실용화될 가능성이 있다.

8.4.3 커다란 패러데이 회전을 나타내는 나노구조의 연구

패러데이회전은 광아이솔레이터로 사용할 수 있는 다른 데는 없는 특성이 있다. 산화물 자성 가네트(garnet) 결정의 패러데이회전을 이용한 광아이솔레이터는 광통신의 모든 시스템에 사용해 왔다. 그러나 이 재료는 $1\mu m$ 이하의 파장역에서는 사용할 수가 없다 $1\mu m$ 이하의 파장역이나 광정보 통신의 파장에 있어서의 광손실이 적고, 큰 베르데 정수(Verdet's constant)를 갖는 희박자성 반도체 나노구조는 특히 주목해야 할 재료인 에르븀(Erbium, Er) 도프광파이버 증폭기에서는 여기광(勵起光)의 $0.98\mu m$에 대응한 희박자성반도체(Cd, Mu, Hg) (Te, Se)가 현재 실용화되고 있다. 이 재료는 자성이온의 스핀과 전자스핀 사이의 강한 상호작용이 커다란 제에만효과(Zeeman effect)를 일으켜 반도체의 밴드갭에 가까운 투명파장 영역에서 공명적으로 커다란 패러데이회전을 나타낸다. 더욱 우수한 특성을 갖는 재료가 발견되면 곧바로 실용화될 것이다.

8.4.4 나노구조의 스핀 양자물성 연구

전자가 스핀상태를 유지한 채 마크로적인 스케일로 전파되면 스핀편극전자의 주입과 제어를 이용한 각종 스핀트랜지스터 등의 신소자가 될 가능성이 있다. 그리고 단전자 동작을 하는 강자성 터널접합 등의 자성체 나노구조에서는 전자스핀의 상태가 전기전도를 지배한다. 이 현상은 극히 민감한 자기센서나 자기메모리 개발을 가능케 한다.

8.4.5 새로운 나노 스핀일렉트로닉스 재료의 탐색

희박자성 반도체, 유기분자, 금속나노구조 및 양자 다트의 네트워크에서 새로운 테라헤르츠(terahertz, THz)대 광소자나 자기기록 매체 등에 쓸 나노 스핀일렉트로닉스 재료가 발견될 가능성이 있다. 예컨대 희박자성 반도체에서는 자성이온의 스핀과 전자스핀 사이의 강한 상호작용이 전자의 에너지에 큰 제만(Zeeman)분열을 주어, 이 에너지가 비교적 약한 자장에서 테라 헤르츠대의 전자파에 대응하게 되기 때문에 새로운 테라 헤르츠대 광소자가 생길 것을 기대할 수 있다.

<참고문헌>

應用物理 70卷, 3号 (2001)에 日本의 나노스핀트로닉스 발전에 관한 최근의 해설이 많이 소개되어 있다.

(舛本泰章)

제9장
클러스터(Cluster)

키워드

1) 마법수(魔法數)
3) 반도체 클러스터
5) 이온결정 클러스터
2) 금속 클러스터
4) 수소결합 클러스터
6) 분열과정

포인트는 무엇인가?

클러스터(마이크로 클러스터라고도 불림)란, 원자수가 수십에서 수만에 이르는 원자의 집합체이다. 원자 분자와 고체의 중간 크기를 갖는 계(系)이기 때문에 양자(兩者)에게 없는 특이한 성질이 관찰된다. 이와 같은 성질을 이용하여 독특한 기능을 갖는 재료를 개발할 수 있을 것으로 기대된다.

9.1 클러스터의 기본 성질

9.1.1 클러스터의 물리

원자수가 수백개 미만인 클러스터의 성질은 구성 원자수에 현저하게 의존하고 있으며 금속 클러스터에서는 원자핵에 유사한 마법수(魔法數)가 나타난다. 즉 안정성, 이온화 에너지, 화학활성도, 유전율(誘電率), 자기능율 등 여러 가지 물성(物性)은 크기(구

제9장 클러스터(Cluster) 113

성원자수)가 마법수에 해당하는 곳에서 현저히 변화하는데, 이것은 클러스터 내의 전자의 양자효과에 의한 것이다. 마법수의 클러스터에서는 전자 상태가 원자나 원자핵에서 볼 수 있는 폐각(閉殼)구조로 되어 있기 때문이다. 클러스터에서는 열역학적 극한이 성립하지 않기 때문에 융점과 응고점이 다르며, 그 중간에서는 액체상태와 고체상태가 크게 흔들리면서 불규칙하게 변해간다.

클러스터 내부의 원자배열구조는 벌크(bulk)상태의 결정(結晶)에서는 이론적으로 실현되지 못한 대칭성을 갖는 것이 많다. 클러스터의 원자배열구조가 어떻게 정해지는지, 치수와 더불어 어떻게 벌크 구조로 변해가는지는 흥미 깊은 문제이다. 특히 벌크 고체를 특징지우는 밴드(band)구조가 클러스터의 이산(離散)적인 전자상태에서 어떻게 형성되는지는 물질과학의 기초적인 문제이다. 클러스터 전체로서 스핀이 정열(整列)하여 단일자구(單一磁區)가 출현하는 것, 특수한 원자 배치나 거대 열 요동에 의하여 여러 가지 촉매활성이 출현하는 것, 융점이 이상하게 낮은 것 등 기초와 응용 양면에서 흥미 깊은 문제가 많다.

9.1.2 각종 클러스터와 응용

클러스터에는 금속 클러스터 외에 반도체 클러스터, 이온 결정 클러스터, 수소결합계 클러스터, 착체(錯體) 클러스터 등이 있다. 또한 이들이 다른 고체물질에 파묻힌 구조도 있으며, 물질과 치수 및 환경에 따라 매우 다채로운 구조와 성질을 나타낸다.

플러렌(fullerenes)처럼 탄소원자로 된 클러스터가 있고, 덴드리머(dendrimers)형 초분자도 클러스터의 일종이며 각각 다채로운 독특한 특징을 나타낸다. 클러스터는 표면의 성질이 내부에 비하여 지배적이며 그 때문에 반도체 클러스터는 표면에서의 미결합수(未結

合手, dangling bond)가 클러스터 구조의 결정 요인이며 그 물성을 지배한다.

흥미 있는 클러스터의 응용 예로서, 반도체나 산화물 등 절연체 중에 파묻쳐 있는 금속이나 반도체 클러스터가 있다. 클러스터 물질과 매체 물질의 밴드갭(band gap)을 적절히 조합하면 여기자(勵起子)를 가두는 일이 가능하며 이것을 이용한 비선형광학재료나 레이저계(系)를 개발할 수 있다.

9.2 클러스터 연구의 현황

클러스터에 관한 1960년대의 구보(久保)의 이론 및 우에다(上田) 등의 물성연구는 일본이 세계에 자랑할 선구적 업적이다. 구보의 이론에서는 금속초미립자의 상자성대자율(常磁性帶磁率)이 기수(奇數) 전자의 미립자와 우수(偶數) 전자의 미립자가 서로 현저하게 다른 것이 예언되었는데, 현재 이 예언은 실험적으로 확인되고 있다.

80년대 이후부터 클러스터 생성법이나 생성 클러스터의 질량분석법이 급속히 발전했으며, 주로 금속 클러스터를 중심으로 한 마법수의 발견, 기하학적 혹은 전자적인 요인에 의한 각구조(殼構造)의 발견 등이 이어졌다. 또한 질량분포와 함께 전자상태, 반응과정, 분열과정, 광학적 성질, 자기적 성질 등의 연구도 가속되었다.

이론적인 측면에서는 유한계(有限系)에서의 의사(疑似) 상전환, 동요(흔들림)・카오스(chaos 혼돈) 등의 비선형 동역학, 비선형 광학현상 등이 각광을 받았다. 이러한 전통적인 연구의 발전으로 지금은 금속 클러스터를 파묻은 초격자의 복합계, 나노결정재료로서의 클러스터, 액적(液滴) 클러스터의 구조와 기능 등 광범위한 연구가 진전되고 있다.

9.3 장래 전망 - 클러스터의 응용분야는 광범위하다

입자 직경이 수 nm 이하인 클러스터에서는 양자효과가 나타나
므로 이를 제어하여 획기적인 기능을 발전시킬 수 있다고 생각되
고 있다. 이와 같은 연구는 장래 혁신적인 디바이스 개발의 기초
가 될 것이다. 그러기 위해서는 특별한 기능을 갖는 클러스터나
그 집합체를 만드는 일, 그것들을 여러 가지 응용목표 예를 들면
자기전자공학 소자(장치), 광기능 소자, 의약 나노기계 등에 적합
하게 시스템화하는 일이 필요하다.

9.3.1 실용화와 산업화의 가능성

클러스터의 실용화와 산업화에서는 다음과 같은 계를 생각할
수 있다.

1) 특이한 전자상태를 이용한 전자 디바이스 소자

분자반도체, 반도체 나노구조 등을 복합화하여 단전자과정
이나 공명터널현상 등을 이용한 양자 스위치계, 고밀도 기억소자,
광전기자기 변환계와 같은 나노 디바이스(소자)를 생각할 수 있다.

2) 클러스터의 자기적 성질을 이용

거대 자기 모멘트를 나타내는 클러스터를 개발하고, 클러
스터간의 자기적 상호작용을 제어하고 최적화하여, 자기기록 매
체, 거대자기저항 등을 사용하는 자기디바이스 소자, 초미소자석,

초강자석재료 등에 응용한다.

3) 절연체 중에 파묻은 비선형 광학재료

파묻을 모체와 클러스터와의 재료의 조합, 치수, 분산 정도 등의 제어 패러미터로 여러 가지 비선형 광학 특성을 발현시켜 각종 광디바이스, 레이저 발진(發振)에 응용한다.

4) 고감도 나노 스케일 센서의 개발

개스 흡착에 의해 클러스터의 물성이 민감하게 변화하는 성질을 이용하여, 나노스케일로 설계한 다기능 센서를 제작할 수 있다.

5) 클러스터의 특성을 이용한 전기 광촉매와 연료전지

원자 레벨에서 구조를 설계한 클러스터의 반응소(素) 과정을 이용하여 극히 효율이 높은 전기 광촉매와 연료전지를 실현한다.

6) 액적(液滴) 클러스터를 이용하는 반응장

클러스터 액적 계면의 강한 장(場)과 미세공간 효과를 이용하여 생체분자나 나노구조와의 상호작용을 응용한 나노 드럭 딜리버리(drug delivery)나 초임계(超臨界) 클러스터 반응 등을 설계한다.

7) 클러스터에 의한 표면가공, 표면반응

클러스터 이온빔을 이용한 손상도(損傷度)가 낮고 효율이 좋은 표면가공법이나 신물질 합성법을 개발한다.

9.3.2 금후의 과제는 크다

위에 기술한 사항은 클러스터의 커다란 가능성을 나타내는 예의 일부에 지나지 않는다. 이들을 현실적인 물건으로 만들기 위해서는 이제부터 씨름하지 않으면 안 될 과제가 많다. 예컨대 혁신적인 물성이나 반응성 등 특이한 기능을 발현하는 클러스터를 탐색하고 그 생성법을 개발하는 것이 중요할 것이다. 다음에 한개한개의 클러스터를 소자로 하는 디바이스를 실현하려면 희망하는 클러스터를 기판 위에 배열·고정하는 방법으로 하지 않으면 안 된다. 복합재료로서 공업적으로 이용하는 데는 대량합성 프로세스를 개발할 필요가 있다.

〈참고문헌〉

菅野曉 「マイクロ クラスター」 物理最前線 25 (共立出版, 1989)

(塚田 捷)

제 10 장
탄소나노튜브(Carbon Nanotubes)

키워드

1) 나노 고분자 2) 양자 · 메조스코픽 현상
3) 벌리스틱 전도(Ballistic 傳導) 4) 위상간섭(位相干涉)
4) 단전자 터널링 6) 차세대 나노재료

포인트는 무엇인가?

나노기술이 활약하는 무대에는 반도체, 금속 등의 고체 외에 고분자, 유기, 생체물질 등이 있다. 혁신적인 현상이나 소자 응용을 모색하자면, 미지의 부분이 많은 이러한 재료 쪽이 오히려 흥미 깊다. 탄소나노튜브는 이들 물질군을 대표하는 궁극의 고분자 나노재료이다. 이 장에서는 그 구조와 작성방법, 물성현상, 소자 응용 및 금후의 전망에 관하여 설명한다.

10.1 구조와 작성 방법

10.1.1 탄소나노튜브의 구조

탄소나노튜브는 그림 18(a)에 나타낸 것과 같은 탄소원자 6개로 된 고리(six-membered ring)로 이루어진 2차원 그래파이트 시트(graphite sheet)를 축에 따라 튜브 상태로 둥글게 말은 구조를 갖는다(그림 18(b)). 층구조로서는 한 장의 시트로 된 단층 나노튜브, 같은 축에 말린 복수의 시트로 된 다층 나노튜브로 크게 분류된다(그림

18(b)). 놀랍게도 단층 튜브의 직경은 가장 작은 경우 1nm 이하로도 되는 초미소구조를 갖고 있다. NEC 기초연구소의 이이지마(飯島)씨가 아크 방전시에 음극에 부착한 그을음(검댕) 속에서 이 놀라운 물질을 발견한 이래, 2002년으로 10주년이 되어 각 종 심포지움이 열렸다.

이보다 수년 전에 발견되어 노벨 화학상을 수상한 플러렌은 탄소원자가 60개 모여 나노크기의 축구(soccer)공 같은 것을 형성한 것이었다. 어느 의미에서 탄소나노튜브는 그 친구이기도 하다. 그러나 플러렌이 기계적 스트레스에 약하고 파괴되기 쉬운데 반하여 탄소나노튜브는 대단히 튼튼하여 파괴되기 어렵기 때문에 각종 물성 측성이나 소자 응용에 적합하다. NASA에서는 우주공간에서 인공위성을 잡아 당기는데 이 튜브를 사용하는 방법도 연구하고 있다.

10.1.2 만드는 방법

만드는 방법으로서는 아아크 방전, 레이저 가열, 기상성장(氣相成長)에 의한 것 등이 있다. 앞의 2가지는 기본적으로 연소에서 생기는 탄소의 그을음 속에 나노튜브를 형성하는 것이고, 나중 것은 촉매로서 강자성(强磁性) 원소 등을 이용하면서 아세틸렌이나 질소의 기상화학반응으로 형성하는 방법이다. 또한 형성시에 많은 튜브가 서로 잡아당겨 덩어리로 되는 것, 배열(array)상으로 형성되는 것 등 복수의 튜브는 여러 가지 모양을 한다.

10.2 양자 메조스코픽(量子 mesoscopic) 물성 현상

탄소나노튜브가 나타내는 다양성이 풍부한 양자·메조스코픽 물성은 경이적이기까지 하다. 여기서는 그 일부를 간단히 소개한다. 구조에 따라 그 물성은 크게 2개의 영역으로 분류된다.

단층 튜브에서는 기본적으로 거대한 평균자유공정에 의거한 현상(벌리스틱 영역, ballistic 領域)이, 다층 튜브에서는 전자파의 위상간섭에 의거한 현상(확산현상)이 각각 나타난다. 많은 현상은 화합물 반도체의 2차원 전자개스계에서 실현되는 것과 기본적으로 유사한데, 이들과 함께 탄소나노튜브의 독자적인 효과가 발견되고 있다.

10.2.1 단층나노튜브

1) 카이랄리티(chirality)에 의한 금속·반도체적 특성의 출현

우선 매우 재미있는 현상으로서, 원래 같은 2차원 그래파이트 시트이면서 그림 18(a)에 나타낸 것과 같이, 튜브축에 대한 감는 각도(카이랄 벡터 c : c=na$_1$+ma$_2$=(n,m))에 따라 금속과 반도체의 양쪽 성질이 나타나고, 반도체의 경우는 그 밴드 갭의 크기가 카이랄 벡터와 튜브 직경에 따라 결정되는 점을 들 수 있다. 예를 들면 축에 완전히 평행하게 시트를 말았을 때 ((n,m) 구조), 그림 18(a)처럼 안락의자의 팔걸이와 같은 형상이 튜브 원주상에 나란히 선다. 이 튜브는 안락의자(arm chair)형이라고 불리며 금속적 벌리스틱(ballistic) 전도를 나타낸다.

또한 (n, o)의 각도로 말면 지그재그 구조가 원주상에 나란히 생기며 이것은 반도체적 전도를 나타낸다. 반도체적 튜브 중에 n-m=3j (j는 0이 아닌 정수)를 만족시켰을 때는 밴드 갭이 작은 반도체가 되고 그렇지 않으면 갭이 큰 반도체로 된다. 또한 반도체적 튜브에서는 직경에 반비례하여 밴드 갭이 변화하며, 튜브가 덩어리를 형성한 것은 튜브 사이의 반 델 발스 힘에 의해 밴드

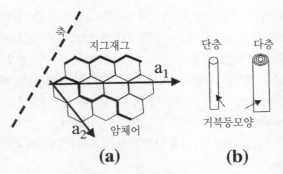

그림 18 : (a) 2차원 그래파이트 시트
(b) (a)를 말아 만들어진 탄소나노튜브

갭이 넓어지는 것도 알고 있다. 이들은 다른 곳에서는 볼 수 없는 특이한 성질이다.

　그 원인은 그래파이트 시트의 전자상태에 있다. 탄소원자의 6각형상 결합으로 π밴드가 형성되는데, 이 밴드는 파수공간(波數空間)에서 에너지 분산을 가지며, 브리유앙 대역(Brillouin zone)의 K점에서 종단된다. 6개로 된 고리는 6개의 K점을 갖는데, 이 6개로 된 고리로 이루어진 시트를 튜브상으로 말은 경우, 6개로 된 고리의 주변구조에서 K점이 잘 포함되는 카이랄 벡터는 한정된다.

　그 결과 K점이 포함될 때는 밴드 갭은 닫으므로 금속적 전도를 나타내고, 포함되지 않을 때는 카이랄 벡터에 따라 여러 가지 크기의 밴드 갭이 되어 상기한 전도 특성을 나타내는 것이다. 카이랄 벡터는 나노튜브의 주사형 터널현미경상을 통해 거북 등 모양의 열을 관찰하여 동정(同定)되고 있었는데, 최근 MIT의 Dresselhaus 등에 의해 공명 라만산란(共鳴 Raman 散亂)으로 동정하는 방법이 개발되고 있다(주1).

2) 단일전자 터널링

한개의 탄소나노튜브를 기판상의 3단자 전극 위에 배치하여 전기 특성을 측정한다는 놀라운 실험이 델프트 공과대학 그룹에서 처음 이루어졌을 때 관찰된 현상이 단일전자 터널링이었다(주2). 이 현상은 기본적으로는 얇은 절연막을 가진 콘덴서에서 일어난다. 전자는 파동으로서 이 절연막을 투과(터널링)할 수 있지만, 소전하 e를 갖는 전자 1개의 터널링으로 콘덴서에 대전(帶電)에너지 $E_c = e^2/2C$ (C는 콘덴서 용량)가 생긴다. 이 E_c가 인가전압 에너지 eV보다 큰 경우 전자는 터널링되지 않고, $V < e/2c$의 전압 내에서는 전류가 흐르지 않는다는 특성 (쿨롱 블록케이드(폐색), Coulomb blockade)이 나타난다.

그런데 이 터널장벽을 2개 직렬로 세워 사이에 상자(box)를 형성하면고 그곳에 전자를 가둔다. 상자의 양단에 접속한 전극으로 고정전압을 걸어 쿨롱 블록케이드가 생기도록 하고, 상자의 중앙에 붙인 제3의 전극으로 상자 속의 전위를 오르내리면 이 내부전위가 E_c를 넘을 적마다 단일전자가 상자에 출입할 수 있다(쿨롱진동). 1개의 나노튜브를 측정하여 처음으로 관찰하게 된 3단자 특성은 그림 19(a)에 나타낸 것과 같은 이 쿨롱진동이었다.

즉 이 경우 나노튜브와 전극 표면 사이에 있는 얇은 산화막이 터널 장벽이 되어 나노튜브 자체가 전자를 1개씩 가두는 상자 역할을 한 것이다. 다만 금속이나 반도체의 쿨롱진동과 다른 것은, 진동 피크가 2중으로 되어 나타나는 경우가 있다는 점이었다 (그림 19(a)). 또한 상자 속의 전자수가, 예를 들어 1개, 2개, …… n개로 정수배로 안정된 전압 영역은 인가한 3개의 전압과 대전(帶電) 에너지에 제한된다.

그의 마름모꼴 형상에서 쿨롱 다이어몬드라고 불리는 이 영역을 단층 튜브로 측정하면, 다이어몬드의 선상에 나타난 특이점을

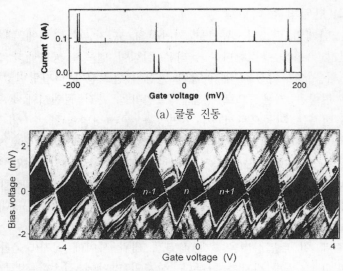

(a) 쿨롱 진동

(b) 변형한 쿨롱 다이어몬드. n은 튜브내 전자수

그림 19. 단일전자의 터널링의 예

경계로 선의 기울기가 변하고, 마름모꼴에 스트레인이 생기는 것
도 보고 되었다 (그림 19(b)). 이것은 상자 속의 n개 전자의 기저
(基底)상태 그 자체가 전압 인가과정에 여기상태로 치환되기 때문
이라고 설명하고 있지만 나노튜브의 무엇에 기인하는지 원인은
명백하지 않다.

　터널접합이 존재하는 탄소나노튜브와 전극의 결합계면 상태는
아직 확실히 알려져 있지 않으며, 이러한 단일 전자터널링도 나노
튜브를 전극의 상하 어느 쪽에 놓느냐에 따라 크게 달라지며, 튜
브 내부에 존재하는 장벽에도 영향을 받는 것으로 알고 있다.

3) 거대 평균자유공정 : 인공원자, 곤도(近藤)효과

　　수10μm 이상의 거대한 평균자유공정을 갖는 것이 금속 단층 튜브의 큰 특징이다. 즉 이 거리 안에 있는 전자는 아무것에도 산란되지 않고 진공 속과 같이 주행할 수 있는데, 이 원인도 1개의 6개로 된 고리에 2개의 탄소원자가 포함되어 생기는 그래파이트의 특수한 전자상태에 있다고 보고 있다.

　　이 특징 때문에 튜브 내에는 깨끗한 양자화 에너지 준위가 형성된다. 그런데 상술할 쿨롱진동 수법으로 이 튜브 내에 단일 전자를 출입시킬 때, 전자는 양자화 준위 위에 파울리(Pauli)의 배타칙(排他則)에 따라 1개씩 놓인다.

　　그 결과 원자핵에 상당하는 것이 없는데도 불구하고 나노튜브는 전자궤도를 갖는 원자처럼 거동한다. 즉 리드선에 접속된 원자(인공원자)와 같이 거동할 수가 있으며, 특히 스핀의 상호작용이 현저하게 관찰된다. 전술한 쿨롱 다이어몬드도 당연히 이 현상이 관여하고 있을 것이다.

　　또한 이 계는 리드선을 개재하여 흐르는 전도전자가 나노튜브 중의 양자화 에너지 준위상에 부분적으로 있는 스핀과 상호작용한다고 볼수도 있어서 이것이 바로 금속 중에 자성 불순물이 혼입된 계에서 일어나는 곤도효과이다. 실제로 금속적 단층 나노튜브에서 곤도효과가 확인되고 있다. 반도체 2차원 전자 개스에 형성된 양자다트에서 이들 연구는 최근 대단히 왕성하게 이루어지고 있지만 나노튜브계에서는 3차원의 리드선에 1차원 나노튜브가 접속되어 있기 때문에 보다 많은 전자수에 대한 현상을 측정가능하기도 하고 튜브 내의 전자수가 짝수일 경우에 새로운 곤도효과가 발견되고 있다. 그리고 미량의 코발트를 자성 불순물로 단층 튜브에 혼입시킨 계에서도 1차원 호스트(host) 중의 곤도효과로서 주사형 터널현미경으로 측정, 보고 되고 있다.

4) 1차원성의 발현 : 루틴거(Luttinger) 액체

나노튜브의 강한 1차원성에서 기인하는 현상으로 루틴거 액체가 있다. 전자가 1차원 공간에 가두어졌을 때 2차원 이상의 공간 전자상태(소위 페르미 액체)와는 다른 물성이 나타나고 이 전자상태는 루틴거 액체라 부른다. 예를 들면, 전자의 전하는 1차원 공간에서는 그의 강한 전자간 상호작용 때문에 약간의 결함으로 전반(伝搬)이 서버리는데, 그 경우에도 스핀만은 전달되는 현상(스핀·전하분리). 콘덕턴스의 양자화, 콘덕턴스 등이 온도의 멱승(冪乘)에 비례하는 특성이 나타난다. 오래된 이론이나 근래 2차원 전자 개스계에서의 실험에 의해 그 물성이 해명되어가고 있다.

순수한 1차원으로 있을 수 있는 물질은 현재 탄소나노튜브 밖에 없지만, 참된 1차원 물성의 실험적 해명이라는 점에서 주목된다. 현재 콘덕턴스의 멱승의 의존성이 놀랍게도 실온까지 확인되어 나노튜브가 루틴거 액체에 있을 가능성이 보고되고 있다. 그러나 전술한 전극계면의 터널 장벽의 힘으로 쿨롱블록케이드 영향이 나타나, 상세한 물성 확인까지는 도달해 있지 않다.

5) 초전도

최근 플러렌에 홀을 주입하여 온도 50K 부근에서 초전도 전이(轉移)나, 2붕화마그네슘이라는 새로운 초전도 금속에서는 40K 부근에서 초전도가 보고되어 화제로 되었다. 이들 물질은 구조적으로 탄소나노튜브와 유사점을 많이 갖고 있으므로 나노튜브의 고온 초전도도 기대되고 있다. 아주 최근 일이지만, 온도 1K 이하의 초전도 전이가 프랑스의 연구그룹에 의해 2건이나 보고되었다.

1건은 근접효과라고 불리는 것으로서, 초전도 전극에서 단층 나노튜브를 샌드위치함으로써 간섭성의 전자짝(한쌍)을 튜브에 주입하여, 상전도에 있는 나노튜브를 겉보기상 초전도로 하는 것이지만 이 그룹은 특수한 초전도물질을 이용하여 이 전이의 실현을 보고하고 있다.

또 한 건은 순수한 단층 나노튜브의 초전도 전이를 보고하고 있다. 보통 나노튜브·전극계면의 터널장벽과 단층 튜브에 존재하는 강한 전자간 상호작용은 초전도의 발현을 저해하지만, 이것은 저저항계면을 실현하는 것으로, 전자간 상호작용이 있어도 초전도 전이의 실현에 성공했다고 주장하고 있다. 그러나 아직 추가실험에 성공했다는 보고는 없다.

역으로 하버드대학 그룹은, 이들 2개의 요인으로부터 초전도 전이가 나타나지 않는다고 보고하고 있다. 또한 홍콩의 그룹은 제오라이트(zeolite) 세공(細孔)에 형성한 직경 0.4nm라는 최소의 나노튜브 어레이로 이 전자간 상호작용과 관계를 갖는 초전도가 20K에서 나타난 것을 보고하고 있지만, 이 경우 저온에서 전기저항은 내려가지 않았다.

6) 기타

튜브에 결함 불순물이 있는 경우는 그곳에서 6개로 된 고리의 결합상태가 바뀌거나, 5개로 된 고리, 7개로 된 고리가 삽입되어 튜브 형상이나 직경이 변화해 버리는 점도 재미있다. 예를 들면 튜브 중간에서 가지가 나뉘어져 Y자를 형성한 튜브나, 직계(直系)가 돌연변화된 튜브가 이미 작성되어, 분기점이나 직경변화점에서 밴드 갭 변화에 대응한 쇼트키를 닮은 특성이 보고되었다.

또한 다른 물질의 튜브 내부 공간 주입(내포)도 재미있는 물성변화를 갖게 한다. 예를 들면, 알칼리 금속을 내포시킨 나노 튜브가 이미 형성되어, 밴드 갭 변화 등이 보고 되어 있다. 최근에는 플러렌을 내포한 튜브(피팟, pea pod), 튜브 내에 또 직경이 작은 여러 개의 튜브를 다시 내포한 것, 2층 구조로서 내측 튜브가 들락날락 할 수 있는 것 등이 창생되어 그 물성에 기대를 걸고 있다. 어떤 곳에서는 리튬이나 수소 또는 물 등을 가둔 예도 보고하고 있다.

10.2.2 다층나노튜브

다층나노튜브는 층간에 산란 요인을 갖고 있으므로 단층 튜브와 같이 무산란이라고는 할 수 없지만, 산란이 있음에도 불구하고 전자파의 위상은 강하게 보존된다. 그 결과 기본적으로 위상간섭에 의한 현상이 많이 보고되어 있으며, 그 중 몇 가지를 소개한다.

1) 약국지존재(弱局地存在)와 보편적 전도도 동요

이들은 위상간섭의 전형적인 예이다. 국지존재(局在, 局地存在 : localization)는 샘플 중에 입사(入射)하여 산란 결과 어떤 경로를 일주한 전자파가, 그 시간 반전대칭(反轉對稱)에 있는 경로를 거친 전자파와 위상간섭을 일으키는 현상이다. 이 경우 산란 원점에서 같은 위상의 전자파가 서로 간섭하므로, 그곳의 전자파 존재 확률이 높아져, 마치 전자가 그 지점에 계속 정지하고 있는 (즉 국지존재하고 있는)것처럼 보인다.

국재장(局在長)이라는 특징장(特徵長)보다 샘플 길이가 작을 때는 전도도가 완전히 영으로 되지 않으므로 약국지존재라 불린다. 종래 금속 박막이나 2차원 전자개스계에서 연구되어 왔지만, 그에 비해 다층 나노튜브에서 발견된 약국지존재는 높은 온도 영역까지 존재하는 점이 특징이다.

이 경우 간섭 경로는 그래파이트 시트 자체와 튜브를 주회(周

回)하는 전자 궤도에 존재한다. 또한 이러한 샘플 내부에 존재하는 여러 개의 고리상 위상 간섭 경로의 내측에 인가자속(印加磁束)이 관통했을 경우에 위상간섭이 변조되어, 콘덕턴스가 e^2/h (h는 프랑크 정수)의 진폭으로 진동한다고 하는 보편적 전도도 동요도 다층 나노튜브에서 발견되고 있다.

2) 반국지존재(反局地存在)

그런데 약국지존재에 대해, 위상이 π 어긋난 전자파가 간섭하면 그 결과 파동은 소멸하고, 전자의 존재확률이 적어져 마치 전자가 높은 전도도를 가진 것처럼 보인다. 이것이 반국지존재라고 불리는 현상인데, 이 현상은 나노튜브 끝에 약간의 고질량 원소를 주입함으로써 출현하는 것을 필자 등이 발견했다 (그림 20(b)).

고질량 원소 중에 존재하는 스핀·궤도 상호작용이 주입되는 전자의 스핀을 반전시킨 결과 위상이 π 어긋난 전자파가 나노튜

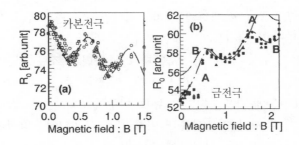

그림 20 : AAA 효과에 의한 자기저항 진동

(a) 부의 자기저항 : 저질량 원소(탄소)의 주입
(b) 정의 자기저항 : 고질량 원소(금)의 주입
점선은 AAS 진동이론식에 의한 피팅, (b)는 2개의 진동 모드를 가짐

브에 주입된 것이 원인이라 생각되고 있다. 이것은 반전 주입된 스핀위상이 나노튜브 전체에 보존된다는 것을 의미하며, 강한 스핀 코히렌스의 존재도 시사하고 있다. 원래 2차원 그래파이트 시트 중에 이 반국지존재 경로가 존재하여 그 결과 후방 산란이 소멸하고, 거대 평균자유공정이 출현한다는 이론적 예측도 있었지만, 실험적으로 반국지존재가 관찰된 것은 이것이 처음이었다. 단, 단층 튜브로 형성된 미소 고리에서는, 이 반국지존재나 국지존재가 보고되고는 있다.

3) AAS(Altshuler-Aronov-Spivak)진동

박막 튜브의 내부공간을 관통하도록 인가시킨 자속으로 벡터 포텐셜을 변조하고, 튜브 외주에 존재하는 경로를 따라 위상간섭을 변조하는 것이 AAS진동이다. 이때 자기저항은 h/2ne의 주기로 진동한다. 이것도 위에 기술한 간섭현상과 같이 종래 금속 박막으로된 튜브 등으로 관찰되어 왔지만, 다층 나노튜브에서도 많이 보고되었다 (그림 20). 전술한 약국지존재(a)나 반국지존재(b)는 영자장(零磁場)에서 시작되는 자기저항진동의 방향이 각각 마이너스(−)냐 플러스(+)냐로도 식별된다.

나노튜브의 AAS진동이 다른 재료와 틀리는 것은 이 주기가 한층 더 작은 진동이 존재한 탓이다. 이것은 주기 h/2ne (n은 정의 정수)의 진동에 해당한다. 즉 튜브 외주를 n회 돈 후 간섭을 일으킬 경로가 존재할 가능성을 의미하지만, 그 이유는 명백하지는 않다. 또 다층 튜브를 기판상에 눕히고, 그 위나 아래에 전극을 접촉시켰을 경우, 전극은 튜브 가장 바깥 둘레(最外周)의 층에 접하므로 간섭경로는 이 층에 주로 존재하고, 자속도 이 층의 직경으로 계산된다.

4) 기타

다층 나노튜브의 한 끝에만 단일 미소터널 접합을 연결하는 일로 튜브 중의 국지존재현상이 산출하는 고(高) 인피던스 환경에 기인한 쿨롱 폐색(blockade)이 생길 가능성도 필자 등이 지적했다. 또한 1개의 튜브에 강자성체 전극을 접속하고 스핀 편극(偏極)을 주입하여, 강한 스핀 코히렌스를 증명한 결과도 이화학연구소(理研) 그룹에 의해 보고되었다.

마지막에 좀 색다른 예로서 다층 튜브의 관상(管狀) 집단(덩어리)의 끝을 액체 갈륨(Ga) 속에 담그면서 전기특성을 측정하면 콘덕턴스의 양자화가 관찰되어, 튜브가 1개씩 갈륨 속에 들어옴에 따라 그 채늘이 1개씩 늘어가는 현상이 관찰되었다. 이것은 다층 튜브는 벌리스틱 전도영역에 없다는 종래의 결과에 반대되는 대단히 이상한 현상이지만, 아직 그 원인은 해명되지 않았다.

10.3 현실적인 응용

여러 가지 응용이 검토되고 있는데, 가장 현실적인 것은 디스플레이에 응용하는 것일지도 모른다. 유기전기발광(electro-luminescence) 소자가 현재 크게 기대되고 있는데, 탄소나노튜브를 어레이상(狀)으로 배치하여 생기는 전계 전자 방출(field emission)은 그 특수한 전자상태에서 발광효율이나 균일성이 대단히 우수하여 차세대 디스플레이로서 기대되고 있다.

전자 디바이스로서는 전술한 미소 쇼트키 소자(short key devices), 튜브 전계효과 트랜지스터, 나노튜브 논리 게이트 등이 실현되고 있고, 기판상의 임의의 개소에 나노튜브를 배치·배선하고 집적화하는 기술도 왕성하게 연구되고 있다. 또한 강한 스핀·위상 코히렌즈를 이용한 위상간섭소자, 스핀트로닉스, 도파관 소자도 제안되고 있다.

앞으로 고온 초전도가 발견되면, 나노튜브가 갖는 이 강한 고히렌즈는 거시적 양자 코히렌스의 존재를 조장하므로, 유기양자 컴퓨터를 실현시킬 가능성도 있다. 또한 미소직경을 이용한 프로브 현미경의 프로브로서도 개발이 왕성하고, 리튬수소를 내포시킨 고효율 나노 배터리로 응용하는 연구도 진행되고 있다.

10.4 금후의 전망 −2002년부터 새로운 연구단계

처음에 기술한 것 같이 탄소나노튜브는 자연계가 만들어내는 궁극의 미소구조이다. 그 발견 이래 10년이 경과하고, 여러 갈래에 걸쳐 구조와 물성이 발견되어온 지금, 2002년부터 그 연구는 새로운 단계에 돌입하고 있다.

여기서 중요한 것은 왜 탄소나노튜브가 아니면 안되는가, 참으로 독창적인 물성현상과 소자의 진정한 응용은 무엇인가를 정확하게 꿰뚫어 보는 일일 것이다. 그의 물성에 관하여 볼 때, 많은 부분에서 2차원 전자개스계의 현상과 겹친다. 이 장에서도 기술한 대로 그에 대한 독자성은 여러 가지 발견되고 있지만, 정말로 획기적이라고 할 수 있는 현상이 지금까지 얼마나 있었을까? 또한 소자 응용에 있어서, 일부러 기판상에 배치·배선하여 집적화할 필요가 있고, 금속 전극계면과의 안정성도 부족한 탄소나노튜브를 쓸 좋은 이유가 어느 정도 있는 것일까? 앞으로 3∼5년 간은 정말로 이 질문에 대한 긍정적인 답을 인류가 총력을 경주하여 진지하게 모색하는 시기가 될 것이다.

나노기술을 짊어질 유력한 후보로서 탄소나노튜브는 그 만큼 가치가 있다. 또한 역으로 부정적인 답밖에 찾게 되지 못한다면 나노기술 자체가 금세기의 정보화 사회를 개척하는 기반기술로 되지 않을지도 모른다. 조금 과장된 말이지만, 탄소나노 튜브에 거는 기대는 그 정도로 크다고 생각해도 좋을 것이다.

<참고문헌>

(주1) Mildred and Gene Dresshus, and Ph, Avouris, "Carbon Nanotubes", TAP80 (Springer 2001).

(주2) S. J. Tan et al, Nature 386, 475 (1997).

(주3) S. J. Tan et al, Nature 394, 761 (1998).

(주4) J. Haruyama et al, Phys. Rev. B65, 33402 (2002).

(주5) J. Haruyama et al, Appl.Phys. Lett 79, 269-271 (2001).

(春山純志)

제 11 장
플러렌(Fullerens)

1) 플러렌   2) C_{60}
3) 고차(高次) 플러렌   4) 내포(內包) 플러렌
5) 탄소 클러스터   6) 플러라이드(Fulleride)

　C_{60}으로 대표되는 바구니 모양(籠狀)의 탄소 클러스터(cluster)를 총괄하여 '플러렌'이라 부르고 있다. 플러렌의 다양하고도 흥미 깊은 성질은 과학과 공학의 광범위한 분야에서 주목을 끌고 있다. 같은 바구니 모양 탄소네트워크 구조체인 탄소나노튜브와 나란히, 나노기술을 짊어질 가장 좋은 물질로서 선진각국에서 그 연구가 정력적으로 전개되고 있다.

11.1 플러렌 발견에 이르기까지

11.1.1 1980년대부터 클러스터에 주목

　1980년대에 여러 가지 원소에 대한 클러스터 즉, 유한개의 원자 집합체가 새로운 물질상으로 주목되어 연구가 왕성하게 진행되었다. 탄소에 관해서는 칼도어(Kaldor) 등에 의해 클러스터 빔에 대한 실험이 이루어져, 짝수 개의 원자로 된 클러스터군(群)이 홀

수 개의 원자로 된 것보다도 생성량이 많은 것이 판명되었다. 이 것에서 탄소클러스터는 3중결합으로 된 탄소 2합(량)체 ($-C≡C-$)를 직쇄형(直鎖型)으로 연결한 '카바인'이라는 구조를 취한다고 생각되었다. 그러나 1985년 실험조건을 최적화하므로써, 60개의 원자로 이루어진 클러스터만이 선택적으로 생성되는 것이 Kroto, Smally 등에 의해 발견되어, 축구공형 클러스터 C_{60}이 그 기하구조로서 제안되었다(그림 21). 이것은 절두(切頭) 정20면체라 부르는 대단히 대칭성이 좋은 구조체로서, 계를 구성하는 60개의 원자는 전부 동등하다.

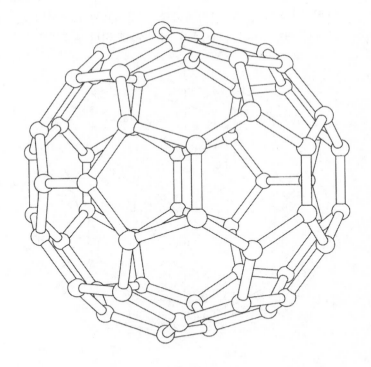

그림 21

11.1.2 축구공형 C_{60}은 Osawa 등의 이론이 선구

이 축구공형 C_{60}은 1970년 일본의 Osawa 등에 의해 이론적으로 그 성질이 논의되고 있었다. 그런데 Kroto 등이 밝힌 클러스터 빔의 실험 사실에 의거하여 제안된 구형의 구조체는 원자로 바뀌는 새로운 물질구축 단위로서 Rosen, Saito 등 일부 이론가의 흥미를 끌어 그 물성 예견이 시도되어 왔다.

그리하여 1990년 크래취메르(Kraetschmer) 등에 의해 탄소전극을 이용한 아크 방전으로 생성된 그을음(검댕) 속에 대량의 C_{60}가 존재하는 것이 확인되어 축구공 구조가 확인되었다. 그들은 동시에 C_{60}이 마치 원자와 같이 결정격자를 이룬 고체상(固體相)도 발견하여, 위에서 말한 이론가의 꿈이 현실로 드러나게 되었다.

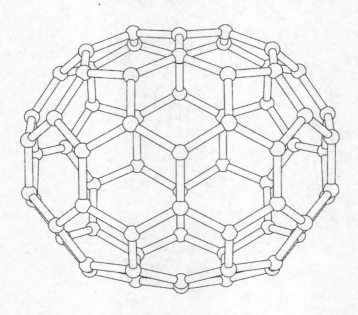

그림 22

그후 C_{60}에 이어 럭비공형의 C_{70}(그림 22)을 비롯하여 보다 큰 C_{76}, C_{84} 등 소위 '고차 플러렌'이 대량 합성되어, 플러렌 계열 (Fullerens family)로서 현재도 그 수를 계속 늘이고 있다.

11.2 플러렌 고체상의 물성

11.2.1 고체 C_{60}은 제3의 새로운 탄소결정으로 주목

고체 C_{60}은 다이어몬드, 그래파이트에 이은 제3의 새로운 탄소 결정의 발견으로 주목을 끌었다. 고체 C_{60}의 신기성은 전자물성면 에서도 나타나 절연체인 다이어몬드, 도체인 그래파이트 두 가지 와는 다른 반도체인 것이 이론적으로 제시되고 후에 실험으로도 확인되었다.

또한 플러렌과 다른 원소를 이용하여 구축되는 각종 화합물상 도, 고체 C_{60}과 같이 신기한 물성을 나타내어 대단히 흥미깊은 대 상으로서 연구가 전개되고 있다. 실은 고체 C_{60}에서, 격자를 이루 는 C_{60}은 공의 크기가 보통 원자와 비교하여 크기 때문에 이웃하 고 있는 C_{60}과 C_{60} 사이의 공간은 상당히 넓다. 그 때문에 플러렌 사이에 알칼리금속, 알칼리토류금속 등의 금속원소를 도프한 화합 물이 여러 가지 안정된 상태로 존재한다. 이들은 플러라이드 (Fulleride)라고 총칭한다. 특히 알칼리 원자를 3개 도핑한 A_3C_{60}(A 는 K, Rb, Cs 등)에서는 초전도현상이 관측되었다. 특히 C_{60}은 높 은 전이온도 때문에 초전도 소재로서도 주목되고 있다.

11.2.2 고체 C_{60} 자체를 초전도체로

C_{60}이 초전도체로서 최근 흥미를 끌고 있는 것은 앞에서 설명 한 반도체인 고체 C_{60}이다. 즉 고체 C_{60}과 절연체가 계면구조를

구축하고, 전계를 걸어줌에 따라 C_{60}의 계면 부분 1, 2층에 캐리어(전자/홀)를 유기할 수 있다. 그런데 이 층이 금속적으로 되어 초전도전이를 나타내는 것이 발견되었다. 그리고 홀도핑의 경우, 전이온도가 절대온도로 52도까지 상승하고 있다. 또한 중성자를 도입하여 C_{60} 사이의 거리를 길게 한 고체 C_{60}에서는 전이온도가 2배 이상 117도까지 상승하여, 동(銅)산화물로된 소위 고온초전도체에 필적하게 되었다. 금후의 연구가 더욱 기다려진다.

11.2.3 플러렌 강자성체

초전도에 추가하여 또 하나의 현저한 양자역학적 효과인 자성에 있어서도 플러렌은 소재로서의 잠재성이 대단히 크다. TDAE라고 하는 분자를 도핑하면 전자를 받은 C_{60}가 강자성체로 되는 것도 알려졌다. C_{60}은 그의 높은 대칭성 때문에 의사원자(擬似原子)라 불릴 만큼, 소위 축퇴(縮退)하는 전자상태가 다수 나타난다. 이것이 자성 발현에 근본적인 중요 인자라고 생각되고 있다.

이러한 초전도와 자성이라는 흥미깊은 성질은 원자→클러스터→고체결정이라는 계층성(階層性)을 가진 물질에서 처음 실현되었다. 한편, 플러렌계는 그의 터팔러지(topology)에 의존하여 다양한 전자구조를 갖는 것으로 알려져 있다. 앞으로도 플러렌 계열의 변화는 증가할 것으로 기대된다. 그리고 계열 요소 전체가 탄소라는 단 1개의 원소만으로 구성되어 있는 것을 생각하면, 그들을 물질 구축 단위로 한 신물질 탐색은 진실로 현대의 연금술이라고도 말할 수 있는 중요한 물질과학 분야인 것을 알 수 있다.

11.3 플러렌 화학

C_{60}을 위시한 플러렌은 그의 표면전체를 소위 π 전자가 덮어싸고 있다. 실은 플러렌 표면은 곡율(曲率)을 가진 구면이기 때문에 플러렌 π 전자계는 평면인 그래파이트 위의 π 전자계와 비교하여 상당히 반응성이 풍부하다. 그 때문에 다양한 원자나 분자를 부가하는 것이 가능하다. 친수성 기(基)를 붙이면 수용성 플러렌을 합성하는 것도 가능하다. 또한 광학적인 특성을 보다 바람직한 방향으로 변화시키는 시도도 이루어지고 있다.

11.4 금속 내포(內包) 플러렌

속이 빈 C_{60} 내에 이종원자나 분자를 가둠으로써 C_{60}의 성질을 변화시키는 것은 C_{60}의 대량합성 이전부터 이론과 실험 양면에서 연구가 전개되고 있었다. 그리고 그래파이트의 아크 방전에 의한 플러렌 합성법이 확립된 직후부터, 전극을 그래파이트와 금속을 복합한 것을 이용한 금속 내포 플러렌에 대한 연구가 전개되어 왔다. 그 결과 C_{82}를 중심으로 한 몇 개의 고차 플러렌에 La, Sc 등의 다가금속(多価金屬)이 내포된 계(系)가 다양하게 합성·단리 (單離)되었다. 그중에는 Gd 내포계처럼 MRI 조영제(造影劑)로서 성능이 대단히 좋아 응용 연구가 전개되는 것도 있다. 또한 C_{60} 중에 금속원소를 내포한 계로서, Eu@C_{60}에 대하여 Kubozono 등에 의한 합성과 단리 연구가 진행되어 왔다. (여기서 X@Cn은 X 가 Cn에 내포된 플러렌임을 나타내는 관용기법이다)

11.5 나노기술과 플러렌

지금까지 보아온 것과 같이 플러렌계는, C_{60}에만 그치지 않고 C_{70}, C_{76}, C_{78}, C_{80}, C_{82}, C_{84} 나아가 C_{100} 정도에 이르는 소위 고차 플러렌계와 더불어 내포 플러렌계가 다양하게 합성·단리되어 있다. 구조이성체까지 포함하면 수십종도 넘는 플러렌계의 요소를 마크로적인 양으로 이미 입수 가능하다.

이들 나노미터 치수의 의사원자군(擬似原子群)을 이용한 신물질 구축 연구는 이제 막 시작단계에 지나지 않는다. 즉 화합물 합성에서는 가열반응 등에 의한 수법이 현재까지 이용되어 왔지만, 앞으로는 복수의 플러렌, 나아가 다른 원자 분자를 교대로 1개씩 쌓아 올려가는 분자선 에퍼택시(epitaxy) 수법을 활용하여, 보통의 반응으로는 합성되지 않는 플러렌 초격자를 구축할 필요가 있을 것이다.

나노미터 크기의 디바이스(소자) 설계에 있어서도, 플러렌계는 밴드갭 가변(可變)의 반도체 소재 및 초전도체 소재로서 그가 갖는 포텐셜은 이루다 알 수 없다. 네트워크 토폴러지를 어떻게 제어해야 할지를 예측하는 이론 연구와 함께 나노과학과 나노기술이 양날개가 되어 플러렌 연구가 앞으로 사회에 얼마나 공헌할지 크게 기대된다.

<참고문헌>

化學 「C_{60} 플러렌의 化學」 化學同人

(齋藤 晋)

제 12 장
유기무기 하이브릿 나노재료(Hybrid nanomaterials)

키워드

1) 자기조직화(自己組織化)
2) 기판
3) 전극
4) 바틈업(bottom-up)
5) 탑다운(top-down)
6) 분자일렉트로닉스
7) 적층구조(積層構造)
8) 계면(界面)

포인트는 무엇인가?

유기물질과 무기물질의 특징을 살리고, 다시 바틈업 및 탑다운 기술을 구사하여 나노미터로 제어된 유기무기 하이브릿 구조를 구축하므로써 신기한 기능과 물성을 창출하는 것이 기대된다. 이를 위해서는 물리와 화학의 융합 그리고 초미세가공기술의 이용이 필요하다.

12.1 유기무기 하이브릿 나노재료란

12.1.1 유기분자는 구조를 자유자재로 디자인할 수 있다

유기분자는 정밀분자합성으로 그 구조를 자유자재로 디자인할 수 있으며, 특히 고분자 화합물은 유연성과 성형성이 뛰어나다. 실생활에 있어서는 의약품에서 플라스틱 제품까지 광범위하게 이용되고 있다. 또한 유기분자 집합체에서는 분자설계와 결정(結晶)

설계 2단 준비로 유기분자집합체를 작성할 수 있으므로, 절연체에서 초전도체까지 다양한 물성을 출현시킬 수 있다.

이와 같이 유기분자는 간단한 원자나 분자에서 출발하여 보다 복잡하고 큰 분자를 구축하는 방법으로 제작되어 왔다. 유기분자의 크기는 수십 나노미터에서 수 나노미터의 크기이므로(1nm=10^{-9}m=10Å), 나노구조의 기능 요소로서 적합하다.

12.1.2 무기물질은 오래 전부터 이용

한편 무기물질(금속, 반도체, 산화물 등)은 오래 전부터 기계부분품, 전기부분품, 전자디바이스(장치, 소자) 등의 재료로 널리 이용되고 있고 견고성과 안정성이 뛰어나다. 재료는 원료로부터 벌크로 제조하여 필요한 크기나 형상으로 가공한다. 예를 들면 현재의 전자회사를 떠받치고 있는 실리콘 반도체 집적회로는 우선 직경 수10cm의 실리콘 단결정 봉을 제작하고, 다음에 두께 1mm 이하의 웨이퍼로 슬라이스한 후 경면(鏡面) 연마한 기판 표면상에 미세가공기술을 구사하여 μm대(台 order)의 회로를 구축한다. 최첨단기술로는 실리콘 산화막 두께를 수 나노미터까지 얇게 할 수 있다. 이와 같이 무기재료의 대부분은 벌크에서 탑다운으로 미소한 부분품이나 디바이스로 가공 · 제작한다.

12.1.3 유기물질과 무기물질의 짜맞춤

유기물질과 무기물질의 조합은 무한으로 존재하여 유기무기 복합재료의 범주에 들어가는 것은 셀 수 없을 정도이다. 1999년에 간행된 일본화학회편의 총설지 「무기유기 나노복합물질」 중에서 몇 개의 복합계를 열거해 보면, 무기포접(包接)화합물-유기분자, 무기층상(層狀)화합물-유기분자, 유기수식(修飾) 세라믹스, 유기무기 폴리머, 집적형 금속착체(錯體), 고분자-금속 나노입자 등이 있다. 이 외에도 유기물과 무기물로만든 초분자화합물이나 무기기판상의 유기초박막 등도 유기무기 복합재료의 범주에 들어간다.

12.1.4 유기무기 복합재료에서 하이브릿 나노재료로

지금까지의 유기무기 복합재료의 대부분은 유기물질과 무기물질의 성질을 서로 더하는 방법을 써서 재료의 고성능화를 꾀해왔다고 할 수 있다. 한편 유기무기 하이브릿 나노재료에서는 유기재료와 무기재료의 구성요소(분자라고 해도 좋을 것이다)의 배열이나 집합상태를 나노미터 영역에서 제어하고, 구성요소간의 상호작용을 적극적으로 이용한다. 거기서는 유기물질과 무기물질의 각 성질을 단순히 합친 것뿐만 아니라, 새로운 물성이나 기능의 발현이 탐색되어야 한다. 즉 나노영역에서 유기물질과 무기물질을 하이브릿화하므로써, 재료의 특성이 고기능화하는 것이 기대되고 있다. 이 항에서 유기무기 복합계의 방대한 영역을 모두 다루기는 불가능하므로, 저자의 흥미를 중심으로 정리했음을 부언해 둔다.

12.2 무기 기판상의 유기분자 박막

12.2.1 유기분자 집합체의 응용

유기분자 집합체를 발광소자, 센서, 비선형광학소자 등에 응용하기 위해서는 기판상에 유기분자의 방향(配向)을 맞추어서 고정화하는 것이 필요하다. 또한 분자를 전자디바이스 요소로 이용하여 디바이스 구조를 나노미터영역까지 미소화하는 분자일렉트로닉스에서는 분자와 기판·전극과의 접촉이나 결합 즉 계면(界面)

이 대단히 중요하다.

무기물인 금속, 반도체, 절연체 기판상에 배향제어(配向制御)한 유기분자막을 형성하는 수법으로는 아래와 같은 것이 알려져 있다.

1) 랑뮤어 - 블로제트막(Langmuir-Blodgett film)

친수성기와 소수성기를 갖는 분자를 수면상에 전개하면 단분자막으로 된다. 수면의 면적을 좁게 만들면 전개된 분자는 친수성부를 물쪽으로 세우기 시작하고, 배향이 제어된 분자가 2차원적으로 배열한다. 이것을 기판상에 옮기면, 배향이 제어된 단분자막이 기판상에 형성된다. 이와같은 조작을 되풀이하여 얻은 누적(적층)막을 창시자의 이름을 따서 랑뮤어 · 블로제트(LB)막이라 부른다(그림 23(a)).

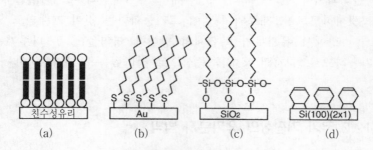

그림 23. 무기기판상의 유기분자막

(a) 친수성 유리 위의 Y형 LB막. ○이 친수성, 봉이 소수성부분을 나타낸다. (b) 금표면 위의 알칸티올(alkanethiol). (c) SiO₂ 기반 위의 실록산(siloxane) · 네트워크를 가진 유기규소분자. (d) Si(100)(2×1) 표면의 실리콘 다이머에 di-σ 결합한 1,4-사이클로헥사디에닌(cycrohexadienyne) 분자

2) 자기조직화 단분자막(自己組織化 單分子膜)

기판과 분자, 분자와 분자의 상호작용을 이용하여 기판 위

에 규칙성이 높은 단분자막을 형성시킨다. 이것을 자기조직화 단분자막(self-assembled monolayer : SAM막)이라 부른다. SAM막은 제작조작이 간단하고, 고정된 분자집단의 규칙성도 높으므로 유기분자 단층막 제작의 유력한 수단이다. 그림 23에 몇 가지 예를 나타냈다.

유황과 금(金)이 특이하게 화학결합하는 것을 이용하여, 금표면을 티올(thiol : mercaptan, RSH), 설파이드(sulfide, RSR), 다이설파이드(disulfide, RSSR)은 용액에 적시므로써 SAM막을 형성할 수가 있다 (그림 23 (b)). 표면에 OH기를 갖는 SiO$_2$ 표면이나 금속산화물 표면과 유기규소 화합물을 반응시키면, 실록산(siloxane) 네트워크를 가진 단분자막이 된다 (그림 23(c)). 또한 Si(100)(2×1) 청정표면에 불포화탄화수소분자(에틸렌, 사이클로펜텐(cyclopentene))을 진공 중에서 반응시키면 안정된 다이·시그마(di-σ) 결합막이 된다.

12.2.2 유기분자 집합체막, 유기분자 누적막

어떤 기능을 갖고 있는 원자단을 유기분자에 짜넣고 나노미터대(단분자막의 두께)로 제어된 초박막을 무기물질 표면 위에 제작하면 신기한 기능이나 물성의 발현이 기대된다. 유기분자 집합체막은 극박절연막, 초미세가공용의 레지스터막, 전도성 박막, 유기 EL 소자 등에 응용되고 있다. 또한 금속이나 반도체 기판과의 하이브릿화에 의해 유기박막을 광변환이나 특정한 분자인식기능을 가진 전극재료로 만들어 센서·메모리·스위칭 소자 등으로 디바이스화하는 것이 연구되고 있다.

또한 유기분자 누적막은 생체막이나 엽록체 등 생물의 층상조직체의 모델로서도 재미있다. 생체물질을 흉내낸 나노미터대의 재료를 인공적으로 만드는 연구도 앞으로 활발하게 전개될 것으로 예상된다.

12.3 유기무기 하이브릿 나노구조에 의한 전자디바이스

1) 1974년 - Aviram과 Ratner

1974년에 Aviram과 Ratner는 도너(doner) 분자와 액셉터(accepter)분자로 구성되는 분자정류소자의 개념을 발표했다. 그 후 분자 일렉트로닉스에 관한 이론적, 실험적 연구가 정력적으로 이루어졌다. 최근에 와서 탑다운에 의한 초미세 가공기술과 바틈업에 의한 분자설계·SAM성막(成膜)기술 등을 이용한 나노 크기의 전자디바이스가 실현되었다.

2) 1997년 - Read 등

1997년에 Read 등은 나노갭(nanogap) 전극을 사용하여 티올 SAM막의 다이오드 특성을 측정하는데 성공했다. 2001년에 그들은 분자소자에 의한 RAM을 보고했다.

3) 2001년 - Schön 등

2001년 가을, 미국 벨연구소의 Schön 등은 단분자막 트랜지스터의 제작과 트랜지스터 효과의 측정에 성공했다. 그들은 보통의 디바이스 재료인 실리콘 기판 위에 미세가공기술로 단차(段差)를 만들어, 표면에 실리콘 산화막을 형성한 후, 금박막을 증착했다. 그 위에 티올로 SAM막을 형성하고, 다시 금박막을 쌓아 「금·티올·금」의 샌드위치 구조를 만들었다 (그림 24). 티올 단분자 층을 사이에 끼운 상하의 금박막은 소스와 드레인이고, 실리콘 산화막을 개재시킨 실리콘 기판은 게이트에 해당한다. 즉 게이트 길

이가 분자 크기 정도인 유기분자 전계효과 트랜지스터(FET)가 제
작된 것이다.

나노 스케일의 FET 구조는 분자디바이스뿐만 아니라 유기분자
집합체의 캐리어를 제어하는 데에도 극히 유효하여, 이제까지 얻
을 수 없었던 신기한 물성을 창출할 수 있는 가능성이 있어 주목
을 끌고 있다.

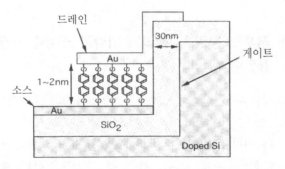

그림 24. 유기 SAM막을 이용한 전계효과 트랜지스터의 모식도
게이트인 SiO_2 산화막 두께는 30nm, 게이트 높이는 분자의 크기 정도($1{\sim}2nm$).
분자의 크기가 확대되고 있는 것에 주의

12.4 유기무기 하이브릿 나노재료의 응용

유기무기 하이브릿 나노재료는 분자 디바이스뿐만 아니라 그
외에도 여러 가지 분야에서 그 응용이 기대되고 있다. 여기서는
몇 가지 흥미 깊은 예를 들겠다.

   1) 수정진동자 마이크로밸런스와 기능성 유기분자를 하이
     브릿화

   초고감도 선택성 센서에 응용

2) 기능성 유기분자로 수식(修飾)한 반도체 표면
   화학센서, 바이오센서에 응용

3) 유기무기 나노적층막에 의한 양자우물(quantum well)
   구조
   광디바이스, 비선형 광학소자 등에 응용

12.5 금후의 전망 - 물리와 화학과 초미세 가공기술의 융합이 불가피

　유기무기 하이브릿 나노재료는 유기물질과 무기물질의 특징을 살리고, 또한 나노 영역의 상호작용을 적극적으로 이용한 새로운 고기능재료이다. 여기서는 여러 가지 분자간 상호작용이나 화학결합을 이용한다. 분자, 기판, 전극 등 구성요소간의 계면이 중요한 역할을 떠맡고 있으므로 계면의 구조나 전자상태를 해명하는 것은 기초 연구로서만 아니라 응용상으로도 중요하다.

　최근 현저하게 발전한 주사프로브현미경이나, 제1원리에 의거한 전자상태 계산 등을 구사할 뿐만 아니라, 극자외선(極紫外線)이나 연X선(軟X線) 등 물질의 내부나 계면을 '보는' 수단이 꼭 필요하다. 또한 현재 자외선으로 이루어진 리소그래피(lithography)를 더 한층 잘게 하기 위해서도 파장이 짧은 광(光)이 필요하다. 나노기술을 추진하기 위한 공동연구시설로서 극자외선이나 연X선 영역의 제3세대 방사광원의 조속한 설치가 요망되고 있다.

　이상과 같이 물리와 화학 그리고 최첨단의 초미세가공기술이 융합됨으로써 비로소 새로운 기능과 물성을 갖는 유기무기 하이브릿 나노재료가 나올 것이다.

<참고문헌>

超分子化學(妹尾學, 忘木孝二, 大月穰著 : 東京化學同人)
ミクロから見た未來材料(生駒 俊明編 : アグネ承風社)
有機無機 ナノ複合物質 (日本化學會編 : 學會出版センタ-)

(吉信 淳)

제13장
단분자(單分子) 일렉트로닉스

키워드

1) 분자 일렉트로닉스 디바이스
2) 나노 갭 전극
3) 주사프로브 현미경
4) 나노 리소그패피(litho-graphy)기술
5) 유기분자 합성기술

포인트는 무엇인가?

단분자소자라는 것은 한 개 한 개의 분자에 기능을 갖게 한 전자소자를 말한다. 분자를 쓰는 장점과 단점의 고찰, 무기반도체 소자와의 차이, 최근의 구체적 성과에 관하여 기술한다. 장기적인 응용으로서는 인공내이(人工內耳), 인공눈(眼), 인공신경, 보다 자연스러운 의지(義肢) 등 인간의 장애를 보조하기 위한 전자디바이스를 생각할 수 있다.

13.1 단분자 일렉트로닉스란

현재의 일렉트로닉스는 실리콘이나 갈륨·비소(砒素)를 주체로 한 무기반도체 디바이스가 중심으로 되어 있으며, 전자선이나 자외선을 이용한 리소그래피(lithography)로 회로를 만들고 있다. 소비전력을 내리고 또 고속으로 동작시키기 위해서는 회로를 축소할 필요가 있으며, 현재 폭이 100nm(=10,000분의 1mm)정도인 회로가 이용되고 있다. 이들을 다시 축소해가면 머지않아 평균적인 분자 크기(1～10nm) 정도의 회로 크기가 된다. 그와 같은 미소구 조체 작성에는 필요한 설비에 많은 투자가 필요할 뿐만 아니라, 지금까지의 동작원리가 물리적으로 통용되지 않을 것이 예측된다. 그러한 곤란을 뛰어넘을 한 가지 방법으로서 분자를 기능단위로 한 전자회로의 제안이 1974년에 IMB의 Aviram에 의해 이루어졌 다. 이것이 단분자 일렉트로닉스의 시초이다(주1～6).

13.2 왜 분자인가? 분자이면 어떤 재미있는 일이 기대되는가?

분자를 쓰는 장점이 몇 가지 있다.

13.2.1 분자 궤도에 의한 전자상태, 계면(界面)상태의 설계가 가능

실리콘 디바이스에서는 정류와 증폭 기능을 도프(dope)한 실리 콘 계면에서 실현한다. 그러나 도프는 다수의 실리콘 원자가 있을 때에만 가능하고, 나노미터대의 소자로 되어 셀 수 있을 정도의 원자밖에 없으면 통계적 산란이 크게 되어 안정된 도프 상태를 만드는 것이 불가능하게 된다. 한편 분자의 전자상태는 분자구조 로 결정되기 때문에, 1분자만으로 안정된 전자상태나 계면상태를 실현할 수 있다. 그래서 치수 축소에 적합하다.

13.2.2 고정밀도의 치수제어와 전자상태 제어가 가능

실리콘과 같은 등의 무기반도체에서는 안정된 나노입자 사이즈 라고 하는 것이 결정되어 있지 않기 때문에 1～10nm 정도의 크 기를 만들려면 아무래도 형상과 크기가 균일하지 않게 된다. 한편, 분자이면 1nm 이하의 것이라도 용이하게 형상과 크기가 고른 것을 대단히 많은 수를 동시에 작성할 수가 있다 (그림 25).

최근 유기합성기술의 발전이 아주 뛰어나, 여러 가지 형상(주상 柱狀, 구상, 줄모양), 크기(최대 1마이크로미터 정도의 단일구조 분자), 전자상태(에너지 갭이 0.3eV∼3eV)의 분자를 합성할 수 있게 되었다. 유기분자를 대단히 자유도가 높은 나노구조체로 이용함으로써 여러 가지 고기능을 가진 전자디바이스를 구축할 가능성이 있다.

그림 25 나노구조 디바이스의 개념도

실리콘 아이랜드를 사용한 나노디바이스에서는 실리콘 아이랜드의 크기나 형상이 균일하지 않지만(좌), 유기분자를 이용하면 그런 걱정이 없다(우).

13.3. 최초의 제안에서 25년 이상이 지나도 아직 미실현 − 꿈같은 이야기가 아닌지

최근 수년간의 주사(走査)프로브현미경, 나노리소그래피(nanolithography) 기술, 유기분자합성기술의 진전이 꿈 같은 이야기를 현실의 과학적 과제로 만들었다. 주사프로브현미경에 의한 단분자 전도 실험에서, 단분자 전도에 관한 이해가 깊어지고 이론도 차차 완성되어 가고 있다. 나노리소그래피 기술도 25년 전에 비해 경이적으로 발전하고, 실험실 레벨에서는 7nm의 갭(gap)을 전자선 리소그래피로 작성할 수 있게 되었다. 이것은 대개 포르피린(porphyrin) 분자 7개의 크기와 같다. 그리고 이제까지 생각하지 못했던 거대한 유기분자나, 작은 에너지 갭을 갖는 분자의 합성과 취급도 가능하게 되었다. 이들의 기반기술 발전에 25년의 세월이 필요했다.

13.4 나노리소그래피 기술이 여기까지 발전했다면 취급이 어려운 분자를 이용할 필요가 없지 않을까

아마도 30nm 정도까지의 미세구조체는 리소그래피로 대량생산이 가능할 것이라고 예측하고 있다. 그러나 그에 필요한 설비 비용이 거액이 되어 경제적으로 맞지 않게 될 가능성 있다. 또한 리소그래피로 30nm 미만의 구조를 대량생산하는 방법은 아직 없으며, 그 기반기술도 아직 확립되지 않았다. 당연히 리소그래피의 기술혁신도 이루어질 것이지만, 그것과 병행해서 분자를 이용하는 일렉트로닉스의 연구도 필요불가결하다고 생각된다.

13.5 유기분자는 불안정하고 실용화가 곤란하지 않을까

유기분자의 골격을 만들고 있는 C-C 결합 자체는, Si-Si 결합 이상으로 강하다. 유기분자 몇 개는 산소 존재 하에서 빛이 와서 닿으면 산화되기 쉬우나, 산소가 분자에 충돌하지 않도록 입체보호 등 여러 가지 방법으로 보호해주면 상당히 안정적이다. 실제 유기분자를 이용한 액정(液晶)이나, 유기전계발광소자(有機電界發光素子), 유기폴리머 배터리 등은 실용화되어 있다. 특히 미세구조체들을 비교하면 $(1nm)^3$의 실리콘이나 금속미립자 보다 $(1nm)^3$의 유기분자쪽이 훨씬 안정적이고 취급이 쉽다.

13.6 탄소나노튜브쪽이 유력하지 않을까

탄소나노튜브도 나노디바이스의 유용한 후보이며 대단히 재미있는 결과가 다수 보고되어 있다(주6). 탄소나노튜브는 그 구조(키랄리티 chirality)에 의하여 금속성인 것과 반도체성인 것이 있다. 현시점에서는 어느 쪽을 선택적으로 합성하는 방법은 없다. 그 때문에 고해상도의 투과전자현미경으로는 구조를 보는 것 외에, 그 튜브가 금속성을 나타내는지 반도체성을 나타내는지 처음부터 결정할 수 없는 것이 난점이다.

13.7 어떻게 배선하는가

$(1nm)^3$ 정도의 크기를 가진 분자로 한 개의 전자기능이 실현되었다 해도, 한 개 한 개의 분자에 리소그래피로 배선하려면, 배선의 크기는 1nm 이하의 가늘기가 필요하여 분자를 쓰는 가치가 없다. $(1nm)^3$ 정도의 크기로 단기능을 갖는 부분이 모여들어 전체로서 $(100nm)^3$ 정도 크기의 고차 기능을 갖는 조직체가 된다. 거기에 복수의 배선이 되어야 비로소 분자를 쓴 가치가 있다.

배선법에는 몇 가지 제안이 있다. 그중 하나는 유기관능기(有機官能基)와 금속의 선택흡착을 이용하는 방법이다. DNA의 선택인

식을 이용하자는 아이디어도 제안되고 있다. 또한 절연체 표면에 분자와이어를 자기집합적으로 작성하여, 그 끝에 기능성 분자집합체를 연결하는 제안도 있다.

각 기능단위로 배선하지 않고 분자끼리 로컬(local)적인 상호작용만으로 연산(演算)시키자는 생각도 있다. 분자를 이용한 셀룰라오토마톤(cellular-automaton, 셀방식의 자동장치)을 실현할 수 있다

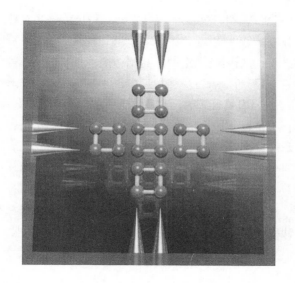

그림 26. 분자에 의한 셀룰라오토마톤의 일례

1개의 유니트는 4개의 전하 유지 부분으로 되어 있다. 빨간 구(球)가 여분으로 전자가 있는 부분, 파란 구는 중성 부분을 표시한다. 전자의 정전반발에 의해 1개의 유니트 내에서는 과잉의 전자가 될 수 있는대로 멀리 가려고 하여 대각선 부분에 들어간다. 이들 유니트를 나란히 세우면, 이번에는 유니트간에 정전반발이 생겨 주위의 유니트 상태의 다수에 따라 자기 유니트 내의 전자배열이 결정된다. 이 시스템을 이용하면 상기한 것과 같이 나란히 선 5개의 유니트에 의한 AND게이트와 OR게이트를 실현할 수 있는 것이 표시되어 있다.

면, 국소적인 상호작용만으로 신호처리가 가능하기 때문에 각 기능단위에 배선할 필요가 없게 된다 (그림 26).

13.8 소기능단위(素機能單位)를 어떻게 필요한 크기로 조직화하는가

2가지 방법을 생각할 수 있다. 한 가지는 공유결합을 이용한 순수한 유기합성에 의한 것이고, 또 한가지는 비공유결합을 이용한 초분자적 방법이다. 전자의 방법이면 거대하고도 복잡한 구조의 유기분자를 합성하는 것이 된다. 단순한 반복 구조이면 이미 100nm를 넘는 길이의 단일구조 분자가 합성되어 있다.

후자의 경우는 각 소단위 구조와 비공유 결합부분을 설계하여 고차의 조직체를 합성한다. 금속착체(金屬錯體)를 이용, 24개의 소단위를 자연히 집합시켜 단일 구조체를 거의 정량적으로 형성할 수 있다는 것이 이미 보고되었다(주7). DNA의 상보성을 이용하여 조직체를 작성하는 제안도 있다. 이들 방법을 조합함으로써 고차의 조직체를 작성하는 것도 가능하리라 예측하고 있다.

13.9 현재까지의 구체적 성과로 어떤 것이 있는가

단일분자로 능동기능을 실증한 예는 아직 없다. Metzger 등은 도너·억셉터에서 랑뮤어-블로제드(Langmuir-Blodget) 단분자막이 ±2V의 전압 범위에서 정류성을 나타내는 것을 보고하고 있다(주8). Park 등은 C_{60}분자를 미세 갭 전극에 끼워 이것이 진동을 이용한 발진자로 작용하는 것을 확인했다(주9).

Reed 등은 어떤 종류의 분자박막이 부성(負性)저항을 나타내는 것을 발견했다. Schön 등은 단분자막을 이용한 전계효과 트랜지스터가 대단히 얕은 동작전압으로 높은 게인(gain 이득)을 갖는 것을 밝혀냈다(주10).

Heath 등은 로탁산(rotaxane) 분자의 박막이 메모리 기능을 갖는 스위치로 작용한다는 사실을 발견했다(주11).

이들 모든 결과는 아직 단분자막 내지 소수(小數) 분자계가 관여한 디바이스이고, 진정한 단분자소자는 아니다. 그러나 이들은 어디까지나 실험적인 요청 때문에 박막을 쓰고 있는 것이다. 현상 자체는 단분자에서 일어날 수 있는 것이라는 점이 유기전계효과 트랜지스터나 유기전계 발광소자 등 밴드구조를 이용하는 이제까지의 유기소자와 다른 점이다. 이와 같은 현상을 나타내는 계를 조직화하여 보다 복잡한 구조를 만드는 것이 단분자 소자에 도달하는 한 가지 길이다.

13.10 가까운 미래의 기대와 가능성

유기분자를 이용한 대형 소자(대형 디스플레이 등)는 이미 실용화되고 있다. 그 다음에 실용화될 것은 아마도 현재의 무기반도체 디바이스의 일부에 유기박막이나 유기분자 집합체를 이용하는 디바이스일 것이다. 유기재료를 이용함으로써 현재까지 복잡한 회로가 필요했던 기능을 보다 간단한 회로로 실현하거나, 제조 프로세스를 간소화 혹은 에너지 절약화할 수 있을 것으로 기대된다.

13.11 장기적 장래 전망

13.11.1 유기분자 나노전자소자와 무기 반도체 나노전자소자는 선택의 문제

고체 디바이스를 생각해보면, 유기분자 나노전자소자와 무기반도체 나노전자소자는 대립하는 것이 아니다. 필요로 하는 나노구조체를 구축하는 데에 어느 쪽이 더 효율이 좋은가 하는 선택의 문제로 될 것이다. 현재, 무기반도체분야에서 주로 연구되고 있는 차세대 디바이스로서 유기분자를 이용해도 가능하다고 생각되는 대상으로 다음의 것이 있다.

단전자 트랜지스터에 의한 VLSI : 전하풀(pool)에 유기분자를 이용한다.

양자컴퓨터 : 간섭성의 상태를 유기분자로 만들어낸다.

셀룰라-오토마톤 : 셀을 유기분자로 만든다.

13.11.2 뇌형(腦型) 컴퓨터는 아직 SF인가

한편, 유기분자가 아니면 실현 곤란한 대상으로서 용액/고상(固相)을 이용한 뇌형 컴퓨터가 있다. 그 구체적인 시스템이나 디바이스의 아이디어는 아직 제창되지 않았지만, 이미지로서는 동물의 뇌와 같은 시스템을 인공적으로 구축하려는 것이다. 그 메리트로 동적가소성(動的可塑性)의 크기, 장해의 자동복귀 등이 거론되고 있다. 뇌 연구 자체가 아직 발전도상인 현재의 시점에서는 뇌형 컴퓨터가 단순한 SF(Science Fiction)에 지나지 않는다는 비판을 피할 수 없다. 그러나 그의 실현을 향한 기초적 연구는 필요할 것이다.

13.11.3 의료분야에서 필요한 초고성능 전자디바이스 시스템

그런데 이와 같은 과학기술이 실현되었다고 하여 그것이 우리 사회에 얼마나 이익을 줄 것인가? 지금보다 빠른 계산기를 몇 % 의 사람이 정말로 필요로 하고 있을까? 고성능 컴퓨터 시스템의 실현으로 우리는 행복하게 되는 것일까? 그러한 의문과 불안을 많은 사람이 갖고 있지 않을까?

초고성능 전자디바이스 시스템은 어디까지나 도구이므로 그것을 무엇에 사용하는가가 중요한 문제일지도 모른다. 저자가 개인적으로 기대하고 있는 것은, 인간의 육체적 장애를 돕는 도구로서의 전자디바이스이다. 선천적 신체 이상, 사고, 병, 고령 등으로 육체적 장애를 입은 사람이 원래 가진 능력을 최대한 발휘하기 위한 인공내이(內耳), 인공눈, 인공신경, 보다 자연스런 의지(義肢) 등을 실현하려면 초소형, 에너지 절약, 초고성능 전자디바이스가 필요 불가결할 것이다. 그것을 실현하는 방법으로 유기분자 일렉트로닉스 디바이스가 쓰여질 날을 꿈꾸고 있다.

〈참고문헌〉

(주1) A. Aviram and M. A. Ratner, Chem. Phys. Lett., 29, 277 (1974).

(주2) T. Ogawa, K. Kobayashi, G. Masuda, T. Takase, Y. Shimizu, and S. Maeda, Trans. Mat. Res. Soc. Jpn, 26, 733 (2001).

(주3) Y. Wada, M. Tsukada, M. Fujihira, K. Matsushige, T. Ogawa, M. Haga, and S. Tanaka, Jpn. J. Appl. Phys., 39, 3835 (2000).

(주4) T. Ogawa, 化學, 55, 19, (2000).

(주5) M. A. Reed, Proc. of the IEEE, 87, 652 (1999).

(주6) A. Bachtold, P. Hadley, T. Nkanishi, and C. Dekker, Science, 294, 1317 (2001).

(주7) N. Takeda, K. Umemoto, K. Yamaguchi, and M. Fujita,

Nature, 398, 794 (1999).

(주8) R. M. Metzger, B. Chen, U. Hopfner, M. V. Lakshmikantham, D. Vuillaume, T. Kawai, X. Wu, H. Tachibana, T. V. Hughes, H. Sakurai, J. W. Baldwin, C. Hosch, M. P. Cava, L. Brehmer, and G. J. Ashwell, J. Am. Chen. Soc., 119, 10455 (1997).

(주9) H. Park, J. Park, A. K. L. Lim, E. H. Anderson, A. P. Alivisatos, and P. L. McEuen, Nature, 407, 57 (2000).

(주10) J. H. Schön, H. Meng, and Z. Bao, Nature, 413, 713 (2001)

(주11) J. R. Health, P. J. Kuekes, G. S. Snider, and R. S. Williams, Science, 280, 1716 (1998).

(小川琢治)

제14장
단분자 광제어 전자계

키워드

1) 단일분자
3) 주사터널현미경
5) 에너지 산일(散逸)

2) 전자-광변환
4) 터널 현상
6) 외부전극 접속

포인트는 무엇인가?

단분자 광제어 전자계는 단일 유기분자 속에 전자와 빛이 서로 작용하는 새로운 영역이다. 이와 같은 영역을 이용하므로써 이제까지는 전반(傳搬)하는 빛으로 밖에 파악할 수 없었던 광의 새로운 면 및 전자와의 상호작용이 보이게 되고, 또한 단일 분자 크기의 디바이스도 개발될 것으로 기대된다.

14.1 단분자 광제어 전자계의 기본적인 성질

14.1.1 단분자 광제어 전자계의 물리

이제까지 빛의 성질을 조사하기 위해서는 공명기(共鳴器 cavity resonator)라고 부르는 빛 파장의 반 크기를 가진 박스(상자) 속에 광을 가두는 방법이 가장 잘 쓰여왔다. 최근에는 광이 전반사(全反射)했을 때 프리즘의 반대측으로 약간 스며나오는 광(근접광 近接光)도 조사할 수 있게 되었다. 그런데 광 즉 전자장(電磁場)이

존재하는 공간 치수는 그보다 작은 치수도 생각할 수 있게 되고 나노기술이라고 불릴 정도의 나노미터 크기도 생각할 수 있다. 이 것은 가시광선 파장의 1000분의 1 정도의 크기이다.

그러나 지금까지는 이같이 작은 영역을 어떻게 조사할지 적당한 수단이 없었다. 이와 같은 영역은 이미 광이 아니고 물질이 에너지적으로 여기된 상태(여기자 勵起子)로 다루어 왔다. 그렇다고 거기에 전자장이 존재하지 않느냐 하면 그렇지는 않다. 이 미지의 영역을 탐색하면서 단일 분자가 적당한 공간의 장(場)을 부여한다 (준다)는 것을 알게 되었다.

14.1.2 단분자 광제어 전자계의 실현방법

그러면 어떻게 하면 나노미터 규모의 전자장을 측정할 장(場)을 실현할 수 있을까? 잘 이용되고 있는 방법은 주사터널현미경 (STM)을 이용하는 것이다. STM은 금속선을 예리하게 만들어 탐침으로 하고, 이것을 전도성 시료의 수 나노미터 위에 유지한다. 탐침과 시료의 사이에 수V 정도의 바이어스전압(bias voltage)을 걸어두면 터널전류가 흐른다. 이 터널전류를 탐침을 유지하는 전기-기계 변환기에 피드백시키므로써 탐침을 시료에서 1나노미터 정도로 정밀하게 유지할 수 있는 장치이다. 지금 금속기판 위에 유기분자를 얹어놓고, 그 위에 STM의 탐침을 유지하면, 탐침으로부터 분자를 통하여 기판에 터널전류가 흐른다 (그림 27).

이때 터널전류를 구성하는 전자는 바이어스 전압에 해당하는 에너지를 갖게 되고, 이 에너지에 의해 유기분자가 여기된다. 이 분자의 여기가 완화될 때 빛을 방출한다. 단일분자로부터 빛이 방출되는 기구를 명백히 하는 것은 나노미터 전자장의 물리를 명백히 하는 것으로 전자장의 기초적인 문제이다.

그림 27. STM을 이용하어 측정된 포르피린 분자의 상

구리 기판상에 포르피린 분자를 얹어두고 그 위에 STM의 탐침을 유지하여 표면 위를 2차원으로 주사하여 터널전류의 2차원 상을 얻는다. 개개의 백색 마름모꼴이 1개의 포르피린 분자에 해당한다. 1개의 마름모꼴은 4개의 밝은 점으로 구성되어 있다. 이 빛나는 휘점(輝点)은 포르피린 분자의 옆사슬(側鎖)로서 붙어있는 벤젠 고리에 대응한다.

14.2 학술적인 흥미와 중요성, 관련된 분야

14.2.1 터널현상과의 관계

분자의 여기(勵起)와 완화 및 그로부터 전자파의 발생이라는 것은, 그 크기가 나노미터대(order)로 되면 마크로의 경우와 양상이 달라진다. 마크로적인 치수에서는 이들 여기·완화 및 전자파의 발생이라는 상태가 잘 규정된다. 그러나 나노미터 규모로 되면 이들 상태가 혼란해져 쉽게 그 상태를 규정하기 어려워진다.

우선 터널전자가 분자를 여기시키는 것부터 보자. 보통 터널전자가 터널 중에서 에너지(포텐셜 에너지)를 잃는 과정은 비탄성터널과정으로 기술된다. 그런데 이 개념은 마크로 스케일에서 원용한 것이다. 즉, 터널현상이라고 하는 것 자체가 입자가 터널 속에 들어가 그 도중에 에너지를 잃는다는 묘상이 옳은지 어떤지는 아직도 논의의 대상으로 남아 있다. 즉 터널과정이란 전자가 나가는 쪽의 상태(시작 상태)에서 전자가 도달하는 쪽의 상태(끝상태)에 대한 천이확율(遷移確率)로 기술한다는 것이 가장 타당한 해석이다. 이와 같은 해석으로는 터널 중에서 전자가 에너지를 잃는다는 묘상 자체가 해석 곤란하게 된다.

다음 문제는 분자가 여기되었다고 가정한다면 여기의 기구는 무엇인가? 이것은 시료로 이용한 동(銅) 원자가 중심에 자리한 포르피린(porphyrin) 분자의 경우, 광을 이용해서는 여기되지 않는데 전자를 이용하면 여기된 현상만 보아도 이 기구가 복잡한 것을 알 수 있다. 다음은 분자가 여기될 때에 그 여기는 터널 중의 전자에 의하여 여기되는 것인지, 전자가 먼저 분자를 담지(担持)하고 있는 금속의 기판 표면에 있는 전자를 여기하고(플라즈몬 plasmon), 이 플라즈몬이 분자를 여기하는가 하는 문제를 명백히 하지 않으면 안된다. 분자는 기판에 담지하는 외에 떠받칠 수단이 없는 것을 생각하면 이 문제도 쉽게 답을 찾아내기 어렵다.

14.2.2 관측과 관련되는 문제

분자가 여기상태에서 완화되어 전자파를 방사하는 과정이 있는

데, 이것도 2개의 프로세스로 나누는 것이 어렵다. 그것이 어려운 최대의 이유는 결국 광을 관측하는 문제로 귀착한다. 일반적으로 물리량은 관측되어야 비로소 의미를 갖는 것이다. 보통 빛은 발생원에서 관측기에 도달할 때까지 많은 과정을 경유하게 된다. 지금의 경우도 크기가 1나노미터 정도인 분자가 발생원이라 하여도, 그 분자의 바로 밑에는 금속기판이 있고, 또 바로 위에는 금속 탐침이 있다. 따라서 분자에서 발생한 전자장은 직접 광 검출기에 도달하지 않고 분자를 사이에 끼우고 있는 2매의 금속판 혹은 2매의 금속판 사이의 공간을 경유한 후에 전반(傳搬)하여 검출기에 도달하게 된다.

따라서, 분자 그 자체에서 발생한 전자장은 그것을 둘러싼 환경의 영향을 받은 후에 검출기에 도달하는 것이 되어, 진짜로 분자에서 발생한 전자장을 파악하기 위해서는 충분한 실험준비를 할 필요가 있다. 더 나아가 이 계는 에너지의 산일(散逸)이라는 문제와 깊이 관련된다. 지금 STM 탐침에서 나온 전자가 분자 속에서 한번 국지적으로 존재(국재 局在)하고 (즉 전자파가 전체 계에 퍼지는 공명터널링과는 다른 상태), 다시 기판으로 빠져가는 경우를 생각한다. 이 국재라는 현상은 에너지의 산일을 수반하고 있고, 이것을 관측할 수 있다는 것이 국재 현상의 확인에 대단히 중요하다. 분자에서 광이 나오고 있는 것이 확인되면 전자의 에너지 산일을 확인했다는 뜻을 갖는다.

14.3 첨단 기술의 추진력으로서 4가지 이점

현재 IT를 비롯한 첨단기술이 발전해가고 있다. 첨단기술이 한층 더 진전하기 위해서는 디바이스의 고속화・고기능화가 요구되고 있지만, 실리콘 등의 반도체를 미세화하는 방법으로는 거의 한계에 이르고 있다. 그래서 주목되고 있는 것이 유기분자를 이용한 디바이스이다.

첫째 이점은, 유기분자를 이용하면 우선 그 치수가 수 나노미터이므로 현재의 디바이스보다 한 자리수에서 두 자리수까지 치수를 작게 할 수 있다.

둘째 이점은, 한 개의 유기분자 속에 많은 기능을 유기합성으로 결합시키는 것이 가능하다.

셋째 이점은, 유기분자를 이용함으로써 반도체의 디바이스처럼 물질을 잘게 잘라 만들어 가는 방향이 아니고, 개개의 블록을 조합해가는 방향에서 디바이스화 해가는 것이다.

넷째 이점은, 유기분자를 이용함으로써 환경에 부하가 걸리지 않는 디바이스로 만들 가능성이 크다.

14.4 현재상황과 문제점

그런데 14.1의 기본적 성질의 항에서 설명한 것과 같이, 단분자 광제어 전자계를 디바이스로 이용하려 할 때는 우선 해결하지 않으면 안 될 문제가 있다. 즉 아래의 4가지가 그것이다.

1) 전자와 광의 상호작용 미캐니즘 해명이다.

2) 다음에 디바이스로서 동작시키기 위해서는 변환·증폭·스위칭 등 (그림 28)의 동작이 효율 좋게 이루어지지 않으면 안 된다.

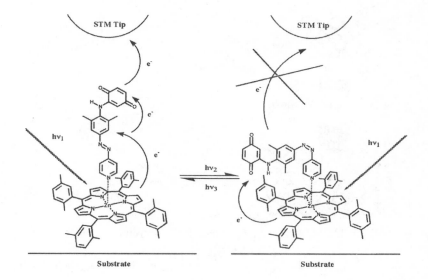

그림 28. 포르피린 분자를 베이스로 한 분자를 이용한 스위칭의 일예 개념도
분자가 빛의 조사(照射)에 의해 그 형태를 바꾸는 성질을 이용하여, 분자를 담지하
는 기판과 STM 탐침과의 사이를 접속하는 경우와 분리하는 경우를 이용하여 스
위칭 동작을 시킨다. 광에 의한 분자의 특성을 발현시키기 위해 포르피린 분자는
벤젠 고리의 측쇄(側鎖)를 붙여 기판과 절연하고 있다.

그런데 현재 상태로는 전자에서 광으로의 변환효율이 충분치
않다. 즉 많은 에너지가 정보로서가 아니라 열로 도망가 버린다.
또한 실제로 제작하는데 있어서 어떻게 해서 단일분자를 외부의
입출력 단자와 접속하는가 하는 문제를 해결하지 않으면 안 된다
(그림 29). 실제의 디바이스에서는 이 동작의 중심이 되는 분자와
외부 입출력 단자의 크기는 1000배 이상 차이가 있다.

3) 어떻게 단일 분자를 기판 위에 고정하는가도 문제이다.

4) 실용화를 생각하면, 유기분자가 열 등의 외부 영향에 어느
정도 견디느냐 하는 문제가 있다.

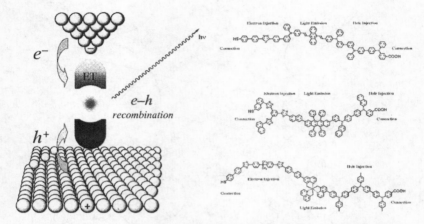

그림 29. 단일분자에 전자와 정공(正孔 홀)을 주입하여 그 결합에 의해
발광시키는 개념도

그림 우측에 이러한 목적에 맞는 분자의 예를 몇 개 나타냈다. 이 그림에서는 기판
과 STM 탐침과의 사이에 분자를 삽입하도록 그려져 있지만, 실제 디바이스에서는
단일 분자를 어떻게 외부의 전극과 접속하는가가 중요한 과제이다. 분자의 말단에
금속과 선택적으로 결합하는 원자를 배치하여 분자가 자발적으로 전극과 접속하는
방법이 현실적이라고 생각되고 있다.

14.5 가까운 미래의 기대와 가능성

위에 쓴 것과 같은 문제가 있지만, 비교적 가까운 장래에 디바
이스의 프로토타입이 나오지 않을까 하는 전망이 있다. 그 이유를
다음에 설명한다.

우선, 전자와 광의 변환에는 유기분자를 그것을 담지하는 기판
에서 전기적으로 분리하는 것이 중요하다는 것이 확인되었다. 이
미 빛을 내는 유기분자의 중심에 옆사슬이라는 다리를 유기합성
법으로 붙여 이와 같은 절연 구조를 만들게 되었다. 또한 전자장

을 환경의 영향을 받지 않고 될 수 있는 한 그대로 파악하기 위해 광파이버의 끝을 예리하게 하여 이것을 산화인디움석(錫)(ITO)으로 덮은 탐침이 제작되고 있다. ITO는 전도성을 갖기 때문에 이것으로 터널전자를 주입하고, 또한 ITO는 가시광에 대하여 투과성을 갖기 때문에 분자에서 나온 전자파를 주위의 영향을 받기 전에 검출하는 일이 가능하게 되었다.

그리고 단일분자를 다루기 위해서는 다른 불순물과 구별하도록 초고진공(10억분의 1기압) 용기 속에서 분자를 조작하는 것도 가능하게 되었다. 유기분자는 비교적 크기 때문에 분자를 가열하여 초고진공 중에 방출하는 방법은 부적당하다. 이 때문에 유기분자를 초고진공 중에 여하히 도입할 것인가에 대한 검토가 진행되고 있다.

그리고 유기분자를 외부의 전극에 접속하기 위해 전극의 간극(間隙)이 수 나노미터인 전극을 기판 위에 제작하는 것도 가능하게 되었다. 이상의 기술을 종합하면, 가까운 장래에 단일 유기분자를 외부의 입출력 단자에 접속하여 그의 동작 특성을 측정하는 일이 가능하게 되리라고 본다.

14.6 장기적인 장래 전망

12.6.1 실용화에는 새로운 과제가 있다

이와 같이 비교적 가까운 장래에 단일 분자를 외부의 전극에 접속하는 것은 가능하다고 생각되지만, 실용화하려면 새로운 과제가 있다. 실제의 디바이스로서 활용하기 위해서는, 유기분자라는 것을 적극적으로 쓰지 않으면 안 된다. 즉 개개의 분자 속에 기능을 집어넣는 것만으로는 부족하고, 다른 기능을 갖는 단일분자를 서로 조립할 필요가 있다. 그렇지 않으면 덴드리머(dendrimer)와 같이 단일분자 속에 많은 기능을 집어넣는 방법도 탐색되어야 하지만, 그러자면 충분히 개개의 기능이 확인된 상태에서 집어넣지 않으면 안 된다. 이것은 유기합성에서 가장 자신있는 점이지만, 이와 같은 조립을 단일분자 레벨에서 제어하지 않으면 안 된다. 현재의 유기합성은 아직 크거나 대단히 많은 수의 분자를 상대하고 있는 점에서 커다란 비약이 있어야 한다.

14.6.2 생체물질에서 배운다 - 광합성도 한 가지 예

이러한 조립을 교묘히 하고 있는 것이 생체물질이다. 따라서 앞으로의 방향은 생체에서 배운다는 쪽으로 나아갈 것이다. 그 한가지가 식물의 광합성이다. 거기서는 각종 기능을 가진 분자가 각각의 역할을 짊어지고 전체적으로 광에너지를 전자로 변환하여 운반하고, 특정 화학과정을 유기(誘起)하고, 최종적으로 물과 탄산가스를 유기분자로 변환한다. 또한 포르피린 분자로 대표되는 생체분자는 생체 내에서 금속원자만으로는 그 작용이 충분히 발휘되지 않는 것을, 유기분자의 짜맞춤으로 교묘하게 금속 성질을 발휘하고 있다. 이와 같은 기능을 잘 설계한 합성분자를 이용할 수 있게 되어야 비로소 이 원고에서 노리는 것과 같은 목표가 달성될 것이다.

〈참고문헌〉

菊地誠編「量子 時代」(三田出版會, 1996)
大津元一「ナノフォトニクス」(米田出版, 2001)
大津元一編「ナノ光工學ハンドブツク」(朝倉書店, 2001)
花村榮一 岩波講座 現代の物理學 8
　　　　「量子光學」(岩波書店, 1996)

(根城 均)

제15장
양자정보와 양자계산(量子情報 · 量子計算)

키워드

1) 양자정보
3) 양자계산

2) 양자정보처리
4) 양자암호

포인트는 무엇인가?

양자정보처리는 양자역학계의 상태로 표시되는 양자정보를 이용하여, 종래 고전 역학계를 이용한 정보처리로는 불가능한 정보처리의 실행을 목적으로 한다.

현재까지 양자계산 양자암호 양자통신 등이 제안되어 있으며, 나노기술을 이용한 검증실험도 성공하고 있는 중이다. 실용화까지는 아직 과제도 많지만 고전 정보처리의 한계를 뛰어넘는 브레이크 스루(난관돌파)의 후보로서 최근 몇 년 사이에 주목을 집중하고 있다.

15.1 양자정보

15.1.1 비트에서 양자(量子) 비트로

1) 고전적 정보

현재의 정보화사회를 떠받치고 있는 컴퓨터에서 다뤄지고 있는 정보는 0과 1로 된 2진수의 비트를 기본단위로 하고, 이 비트를 조합한 비트열(列)로 표시한다. 물리적으로 비트는 다수 전자

집단의 온(on) 또는 오프(off)로 실현된다. 이와 같이 비트는 0이나 1 어느 쪽 값밖에 취하지 않기 때문에 비트열로 표시되는 정보를 고전역학계와 대응하여 고전적 정보라고 부를 수 있다.

미세가공기술의 발전에 따라 비트를 실현하는 물리적인 전자소자의 치수는 소형화하고, 집적도가 올라가 보다 많은 정보를 보다 빨리 처리할 수 있게 되었다.

"약 2년마다 컴퓨터의 성능은 2배로 된다"라고 하는 무어(Moore)의 법칙으로 알려진 1965년의 예언에 비해 최근의 성장 속도는 둔화해 가고 있기는 하나, 나노기술의 발전으로 컴퓨터 소자의 소형화·집적화가 다시 진행되면, 개개의 비트를 구성하는 전자의 집단이 양자역학에서 다뤄야 할 치수로 되어, 종래의 고전역학에 의거한 정보처리 방법으로는 한계가 생긴다. 그래서 양자효과를 활용하여 비트로 표시되는 고전정보 처리를 개량하는 것이 아니라, 정보 그 자체를 양자역학계에서 다루려고 생각하는 것이 양자정보이다.

2) 양자정보

양자정보는 양자 2준위계(스핀 1/2계)의 상태로 기술되는 양자비트를 기본단위로 하고 있다. 양자비트에서는 0과 1뿐만 아니라 0과 1의 임의의 양자역학적 겹쳐합친(다중합, 多重合)상태를 취할 수 있기 (그림 30 참조) 때문에, 고전정보와는 급이 다른 정보처리가 된다. 현재까지 다양자(多量子) 비트의 중합 상태를 이용한 양자계산, 미지의 양자 비트 상태를 측정하는데 불확정성(不確定性)을 이용하는 양자암호(量子暗號), 2양자 비트의 중합(重合)상태에 나타나는 양자상관(量子相關 entanglement)을 이용한 양자통신 등의 양자정보처리 시스템이 제안되고 있다.

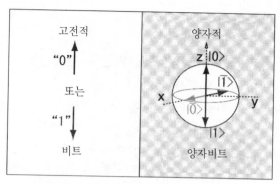

그림 30. 벡터로 표시한 비트와 양자비트와의 비교

비트는 상향 0 또는 하향 1 어느 한쪽의 벡터만을 취하지만, 양자 비트는 상향상태 |0>와 하향 상태 |1>뿐만 아니라, 이들의 임의의 양자역학적 중합(重合)상태를 취할 수 있기 때문에, 구면상 어느 방향의 벡터도 취할 수가 있다. 예를 들면 상태 | $\overline{0}$ >는 | $\overline{0}$ > = (|0>+|1>)/ $\sqrt{2}$, 상태 | $\overline{1}$ >은 | $\overline{1}$ >=(|0>-|1>)/ $\sqrt{2}$ 의 중합상태이다. 단양자 (單量子) 비트에 대한 유니테리 연산(중합 상태의 변화)은 벡터의 구면상의 회전에 대응한다.

15.1.2 양자비트의 실현

양자비트는 물리계에서의 여러 가지 실현을 생각할 수 있다. 현재까지 원자계(원자나 이온의 준위)·광학계(광자의 편광상태)·고체소자계(양자점 중의 전자스핀이나 전하상태·조셉슨 접합(Josephson junction)을 이용한 전하상태나 자속상태·실리콘 중에 도프한 원자의 핵 스핀) 등 여러 가지 종류의 물리계가 양자비트의 후보로 거론되고 있고, 이미 몇 가지 계에서는 양자비트의 실현과 제어에 성공하고 있다.

특히 나노기술과 관련하여 1999년에 나까무라(中村) 등이 처음으로 고체소자계의 단양자비트인 조셉슨 접합을 이용한 전하양자비트의 중합상태의 실현에 성공하고, 그후 상태의 제어에도 성공한 것은 장래 양자비트 직접화의 제1보로서 세계의 연구자들로부터 주목을 끌고 있다.

15.1.3 양자 정보처리 연구의 발전과 현재상황

1) Bennet, Brassard, Deutsch의 연구

양자정보처리에 관한 연구는 1980년대의 Bennet와 Brassard에 의한 양자암호(양자상태를 이용한 암호의 비밀 열쇠 배포 프로토콜 BB84)의 제안(1984)과 양자암호의 프로토타입 실험(1989년), 그리고 Deutsch에 의한 양자계산의 개념 모델인 양자튜링머신의 제안(1985년)에 의하여 실질적으로 시작되었다고 생각한다.

2) Shor, Grover의 연구

1990년대에 들어, 중요한 2개의 양자 알고리즘(1994년의 Shor에 의한 인수분해 알고리즘과 1995년 Grover에 의한 데이터베이스 검색 알고리즘)이 제안되어 양자계산이 각광을 받게 되었다. Shor의 인수분해 알고리즘을 이용하면, 고전정보(古典情報)를 이용한 알고리즘과 비교하여 인수분해의 지수함수적인 스피드업이 이루어지고, 인수분해 계산의 양적 어려움을 이용한 널리 쓰이고 있는 RSA 공개열쇠 암호시스템이 단시간에 해독된다. 또한 Grover의 데이터베이스 검색 알고리즘도 널리 쓰이고 있는 비밀열쇠 암호시스템인 DES 암호의 안전성을 위협한다. 암호는 인터넷이 발달한 현대사회의 통신에 없어서는 안 되기 때문에 Shor와 Grover의 양자 알고리즘의 제안은 양자 정보처리가 실현될 경우에 큰 충격을 줄 것이다.

3) Ekert, Bennett의 연구

이것에 대해 이상적인 상황하에서 안전한 통신을 보장하는 양자암호로서, Ekert의 양자상관을 이용한 프로토콜(1991년)과 Bennett의 BB84 개량판인 B92 프로토콜(1992년) 등이 제안되었다. 또한 Bennett 등의 양자상관을 이용한 양자정보통신 시스템으로서, 고전정보만을 이용할 경우 2배의 정보를 송신할 수가 있는 덴스코딩(1992년)과 미지(未知)양자 상태의 통신수단인 양자 텔레포테이션(1993년)이 제안되었다.

4) 1990년대 후반의 연구

각국 정부(특히 미국과 유럽)의 지원을 얻어 양자정보처리 연구는 대단히 활성화되어, 1990년대 후반에는 양자계산과학·양자에러정정(訂正)·인탱글먼트(entanglement) 이론·각종 물리계에서의 양자비트의 제안 등 각 방면에서 이론 연구가 급속하게 발전했다. 또한 실험연구에서도 전술한 고체소자의 양자비트 제어실험(1999년~) 이외에, NMR을 이용한 양자계산의 실증실험(1997년~), 양자암호의 실증실험(1996년~)이나 텔레포테이션의 실증실험(1997년~) 등의 성과가 나오고 있다.

양자정보처리는 자체가 새로운 개념이지만, 이 새로운 개념의 뿌리에 각종 기존 연구분야가 결부되어 수학이나 계산기과학에서 물리나 화학, 또한 전자공학이나 정보공학에 걸친 연구분야로 확대되어 가면서, 이론과 실험 양면에서 발전을 계속하고 있다.

15.2 양자계산

15.2.1 양자게이트

양자계산은 양자정보를 이용하여 고전정보처리보다 우위에서 정보처리하는 것을 목적으로 한다. 다수의 양자비트를 중합(重合)

시킨 상태에서 연산을 함으로써 1회 연산으로 다수의 양자상태에 대한 연산을 실행할 수 있는 것이 열쇠이다. 양자계산은 다음 3단계로 한다.

제1단계, 다양자비트의 상태를 제어하여 초기화를 한다.

제2단계, 다양자비트에 대하여 유니테리연산을 한다.

제3단계, 다양자비트의 끝 상태를 측정하여, 연산결과를 읽어낸다.

양자계산의 핵심부인 유니테리(unitary) 연산은 양자역학에서 기술하는 계의 시간발전으로 표시할 수가 있고, 유니테리 연산 형식은 실행하는 양자계산 종류에 따라 결정된다. 다양자비트에 대한 임의의 유니테리 연산은 단양자비트에 대하여 임의의 유니테리 연산을 하는 단양자비트 게이트와, 다음에 기술하는 2양자 비트의 CNOT 게이트와 조합하여 분해할 수가 있다.

CNOT 게이트는 제어양자 비트(1번째 양자비트)가 0 상태에 있을 경우에는 타게트 양자비트(2번째의 양자비트) 상태가 변화하지 않고, 제어양자 비트(1번째의 양자 비트)가 1의 상태에 있는 경우 타게트 양자비트(2번째의 양자비트)를 반전시킨다.

이것은 고전적 계산기의 XOR 게이트에 대응하는 것이지만, 입력상태가(고전적) 2비트인 경우와 같이 00, 01, 10, 11의 4가지 상태만이 아니라, 이들 4상태가 임의로 겹친 상태를 취할 수 있는 점이 큰 차이이다. 상기의 2종류 양자게이트의 연산을 임의의 양자비트에 대하여 하는 계를 실현하면, 게이트 연산의 조합으로 범용 양자계산기를 만들 수 있다.

15.2.2 디코히렌스(decoherence)

양자계산을 실현하기 위해서는 양자역학에 지배되는 상황하에서 상기의 3단계를 정확하게 할 필요가 있다. 특히 연산과정에 다 양자 비트 상태의 양자코히렌스(양자역학적 순수성 · 가(可)간섭성) 를 갖지 않으면 양자계산의 우위성을 잃고 만다. 양자 코히렌스를 잃는 것을 디코히렌스라고 하는데, 디코히렌스는 양자 비트와 그 것을 둘러싼 환경과 불필요한 상호작용에 의해 생기고, 양자계산 에 필요한 양자 비트의 중합 상태에 나타나는 양자간섭을 깨트리 고 만다. 특히 다양자 비트의 계에서는 한개의 양자 비트의 디코 히렌스에 의해 전체의 코히렌스를 잃어버리게 되므로 디코히렌스 시간(디코히렌스가 일어나는데 필요한 시간)이 대단히 짧게 된다.

양자 비트계가 외부 환경 때문에 떨어져 나간 고립계이면 어느 정도 디코히렌스 시간이 길어지지만, 양자비트의 제어나 측정에는 외부 환경의 일부인 제어장치나 측정장치와 양자비트간의 상호작 용이 필요하여 단순한 고립계에서는 양자계산에 도움이 되지 않 는다. 그러므로 디코히렌스를 억제하면서 양자 비트를 정확히 제 어하고 측정하기 위해서는 불필요한 상호작용을 차단하면서 필요 한 상호작용을 정해진 시간에 양자비트에 작용시키는 것이 중요 하다.

15.2.3 양자계산의 현재상황과 나노기술의 중요성

소수의 양자비트를 이용하는 양자암호나 양자통신에 비해, 본질 적으로 다양자 비트계의 제어가 필요한 양자계산에서는 디코히렌 스의 영향을 크게 받는다. 그 때문에 현재까지 양자 알고리즘을 실행할 수 있는 다양자 비트를 이용한 양자계산은 초기화와 측정 에 양자역학적인 순수상태로는 안 되고, 통계적 평균을 이용하는 NMR 양자계산기에서만 성공하고 있다.

NMR 양자계산기는 양자 알고리즘의 데몬스트레이션으로서 큰 뜻을 갖지만, 확장될 수 있는 양자비트 수에는 한계(10～15개라고 한다)가 있고, 고전적 계산기와 비교하여 우위인 다양자비트 양자 계산을 할 수 있을 가능성은 높지 않다고 생각된다. 이 때문에 확장성이 높은 계에서의 양자계산 실현이 큰 과제이다.

특히 집적 양자비트의 후보인 나노기술을 이용한 고체소자계에 기대가 크다. 고체소자계에서는 불순물 등 여러 가지 물질간의 상호작용이 있기 때문에 양자비트와 외부 환경과의 불필요한 상호작용이 생기기 쉽다. 그러므로 미세구조를 인공적으로 제어하여 외부환경으로부터 격리된 다수의 양자비트를 만들 필요가 있다.

이와 같은 시스템으로 양자계산을 하기 위해서는 양자비트와 외부환경과의 상호작용을 높은 정밀도로 제어하는 것이 불가피하고, 양자역학에 지배되는 마이크로적인 구조를 갖는 양자비트와, 양자비트의 제어나 측정에 관계되는 마크로적인 계와의 인터페이스에 관한 나노기술의 발전이 더 한층 필요하다.

<참고문헌>

1) C. P. Williams, S. H. Clearwater, '量子コンピユ-ティング-量子コンピユ-タ-の實現へ向けて'(2000, シュプリンガ-・フェアラ-ク東京)
2) 細谷曉夫, '量子コンピユ-タ-の基礎'(1999, サイエンス社)
3) M. A. Nielsen and I. L. Chuang, 'Quantum Computation and Quantum Information'(2000, Cambridge Uni. Pr.)

(村尾美緒)

제**16**장
나노 전기기계시스템

키워드

1) 반도체 미세가공
3) 나노구조
5) 다기능 시스템
7) 나노재료

2) 마이크로머신
4) 시스템 구축
6) 바이오기술

포인트는 무엇인가?

최신의 실리콘 칩은 트렌지스터의 치수가 100nm에 접근하고 있고, 연구 레벨에서는 10nm 급도 발표되고 있다. 이 미세가공기술로 나노의 기계를 만들고, 분자나 원자의 나노세계를 조사하기도 하고, 나노기술로 얻은 재료와 조합한 고기능 시스템을 만드는 것도 기대된다.

16.1 나노시스템이란

주사터널현미경의 발전으로 극미의 세계를 비집고 들어가 개개의 원자를 보기도 하고 움직이기도 하게 되었다. 이와 같은 원자분자의 조작기술과 별도로 발전해온 바이오 화학기술, 반도체 미세가공기술 등을 통합하여 분자 레벨 치수인 나노미터의 세계를 산업이나 생활에 활용하고자 하는 기대가 높아지고 있다. 나노기술을 이용하여 분자나 원자로 만든 신소재나 극미소의 전자 부분품을 제작하여 정보기기나 의료기기 등의 더한층 성능향상과 소형화가 실현될 것이다.

그러나 원자의 세계와 우리의 세계는 1억배 이상 되는 치수 차이가 있으므로 둘 사이를 원활하게 연결할 필요가 있다. 마이크론 치수(1000분의 1mm)의 도구를 만들어, 나노의 세계를 자유로 탐구하기도 하고, 마이크로 기계나 전자부분품 속에 나노재료를 집어넣어 그 작용을 조절하고 전달하는 나노전기기계시스템(이하 약하여 나노시스템이라 부른다)을 만드는 것이 기대된다. 근래에 와서 반도체 미세가공으로 전자부분품 뿐만 아니라 마이크로기계(마이크로머신)를 만드는 기술이 발전하고 있으므로, 이것을 이용하여 마이크로 도구나 시스템을 만들면 된다.

16.2 마이크로머신 기술을 나노 세계에 응용

16.2.1 나노기술의 대상은 3가지로 분류된다
현재의 나노기술의 대상은 크게 나누어서 3가지가 있다.

첫째는 화학·바이오계에서 생체고분자 등의 복잡한 분자(크기 수nm~수십nm)를 이용하여 여러 가지 기능을 찾아내려는 것이다.

둘째는 무기물·반도체계에서 nm대의 입자나 구조(나노구조)를 결정성장 등으로 만들어 그것을 고성능재료나 초고속 전자회로 또는 레이저 등에 이용하는 흐름이다.

셋째는 주사프로브현미경으로 원자 분자 등을 직접 조작하는 나노 매니퓰레이션(manipulation) 계의 흐름이다.

16.2.2 나노테크놀러지와 나노사이언스는 다르다
여기서 주의해야 할 것은 나노기술과 나노과학의 구별이다. 기술은 무엇인가 목적을 달성하기 위한 방법으로서 만인이 이용하는 형태로 확립되는 것이다. 한편 과학은 자연계에 있는 물질이나 현상을 발견하고 그것을 이해하는 것이다. 예를 들면 인간의 DNA 배열 결정이나 유전자 정보의 해독은 과학이고, 어떤 병을 고치기 위하여 유전자 정보를 이용하여 약을 만드는 것은 기술이다. 기술의 기초로서 과학지식을 이용하여 보다 합리적인 목표달성 수단을 개발하는 일은 필요하지만, 양자를 혼동해서는 안 될 것이다.

현재 넓은 의미로 나노기술에 포함되어 있는 연구성과 속에는 나노과학에 관한 것도 많다. 예를 들면 박테리아 등이 헤엄치는데 쓰는 편모(鞭毛)를 돌리는 모터는 겨우 30nm 정도 직경의 분자회전기계이지만, 이것을 발견하고 특성을 측정하는 일은 과학의 영역이다. 인간이 스위치를 넣었을 때, 그에 따라 목적한 구조를 움직이는 나노 모터를 인공적으로 만들었을 때, 비로소 그것을 나노기술이라 부르게 된다.

위에서 설명한 나노시스템에 의거하여, 손가락으로 스위치를 넣는 마크로적인 지령을 나노의 세계에 도입하거나, 모터를 넣은 나노기계를 제작하기 위하여 지금까지 길러온 미세가공기술을 활용하는 것이 나노기술의 실현이다.

16.2.3 마이크로 기계기술

마이크로기계기술이란 한마디로 말해 휴대전화나 PC(개인용 컴퓨터)에 쓰이는 실리콘 칩과 같은 방법으로 마이크로나 나노기계시스템을 만드는 수법이다. 실리콘 칩을 만드는 반도체 미세가공기술은 회로 패턴의 원도(原圖)에 빛을 쏘아 그것을 렌즈로 축소하여 기판(웨이퍼 wafer) 위에 인화하는 공정이 중심이 된다. 이공정을 포토리소그래픽(photo-lithography)라 부른다. 그림 31에 표시한 것과 같이 이 방법으로 원도를 몇 장이고 축소투영(縮小投影)할 수 있으므로 미세화와 동시에 대량생산이 가능하다.

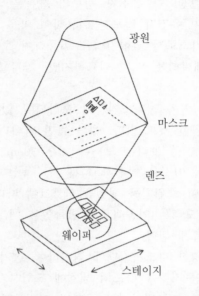

그림 31. 포토리소그래피에서는 광선으로 마스크 위의 원도를 웨이퍼에
축소투영한다.

기판 표면에 바른 막이나 기판 자체를 인화된 패턴에 따라 에칭(부식)하여 트랜지스터나 배선을 만든다. 이 미세가공 기술을 전용(轉用)하여 가동(可動)의 입체구조나 모터 등 마이크로 기계 제작에 이용한 것이 소위 반도체 마이크로머신 기술이다(주1~4). 그림 32에 가공 과정(주1)을 나타냈다. 가공할 수 있는 재료는 실리콘과 그 관계 재료, 유리, 금속, 플라스틱, 세라믹스 등 다양하다.

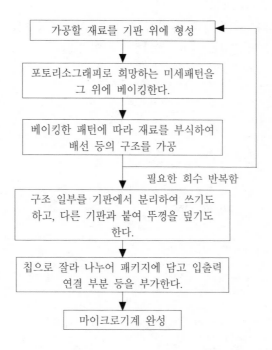

가공할 재료를 기판 위에 형성

포토리소그래피로 희망하는 미세패턴을
그 위에 베이킹한다.

베이킹한 패턴에 따라 재료를 부식하여
배선 등의 구조를 가공

필요한 회수 반복함

구조 일부를 기판에서 분리하여 쓰기도
하고, 다른 기판과 붙여 뚜껑을 덮기도
한다.

칩으로 잘라 나누어 패키지에 담고 입출력
연결 부분 등을 부가한다.

마이크로기계 완성

그림 32. 실리콘 기술에 의한 마이크로기계의 제작법 흐름도

16.2.4 마이크로기계의 특징

마이크로 기계의 특징을 간단하게 말하면 '보다 작게, 보다 많이, 보다 현명하게'의 3가지가 될 것이다. 그림 33에 이들 3개의 특징과 그것을 활용하므로써 가능하게 되는 작업을 나타냈다.

첫째로 기계를 '보다 작게'하는 것이 마이크로기계 연구의 발단이다. 최근의 연구성과에 의하면 수십nm의 폭이나 굵기로 나노구조를 설계대로 만들 수 있다. 또한 수nm의 예리한 침이나 나노개구(開口)도 보고되고 있다. 분자나 나노 클러스터 정도의 크기로 그것들을 미세조작하는 것이 가능하다. 나노구조를 마이크로구조나 밀리구조와 일체로 하여 나노영역과 마크로영역을 구분없이 연결하는 계층적인 시스템도 실현할 수 있다.

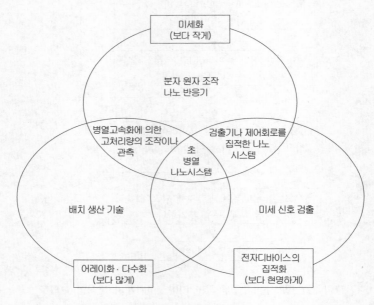

그림 33. 마이크로기계의 특징과 나노기술의 효과

16.2.5 배치(batch) 생산기술의 이용

다음에 그림 31에 나타낸 것과 같은 배치 생산기술을 이용하면 1개의 부분품을 만드는 노력과 시간에 수만, 수백만의 디바이스를 계획된 형태로 제조할 수 있다. 수백만의 트랜지스터로 구성된 반도체 메모리 칩처럼 극히 많은 부분품으로 된 복잡한 시스템도 쉽게 만든다. 예를 들면, 마이크로 가공을 한 프로브를 다수 어레이상으로 나란히 세움으로써 분자나 원자의 조작이나 관찰을 동시에 할 수 있다. 단시간에 병렬처리 할 수 있기 때문에 지극히 많은 처리량(throughput)의 나노 조작 시스템을 얻을 수 있다. 이 것이 '보다 많은' 것의 특징이다.

16.2.6 '보다 현명하게'의 특징

마지막으로 '보다 현명하게'의 특징을 살리도록 나노구조 센서 나 전자회로를 집적화한 시스템을 제작할 수 있다. 예를 들면, 분 자 레벨의 신호처리 결과나 센서신호를, 그곳에 만들어 넣은 트랜 지스터로 읽어내므로써, 미약한 신호를 S/N비가 좋게 증폭할 수 있다. 또한 그림 34에 표시한 것과 같이, 전자 소자 뿐만 아니라 광소자, 미소기계부분품, 자기소자 등과 집적화함으로써 각종 물 리적 상호작용을 이용하여 나노기계의 상태를 마크로의 세계에 전할 수가 있다. 나아가 나노재료를 활성화하기 위해 에너지나 제 어신호를 주기도 하고 반응하는 장을 형성하는 등의 인프라 구조 를 마이크로 가공으로 만드는 것을 생각할 수 있다.

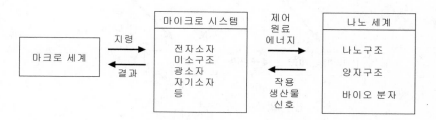

그림 34. 마이크로 시스템으로 마크로 세계와 나노 세계를 연결
마이크로 시스템에는 마이크로머신, 마이크로 전자공학, 마이크로센서 등도 포함되고 있다.

16.3 나노시스템의 의의

16.3.1 나노시스템이 요구하는 3가지의 기술 – 기능, 구조, 시스템 구성

나노시스템의 기술적 요소로서 기능, 구조, 시스템 구성 3가지가 있다.

그림 35에 나타낸 것과 같이 이 3가지가 모두 나노시스템이 된다. 그중에 화학물질의 센싱, 건강상태의 진단, 저소비 전력 정보처리, 초소형 대용량 데이터 기록 등의 '기능'은 나노영역의 양자물성을 살려 실현할 수 있다.

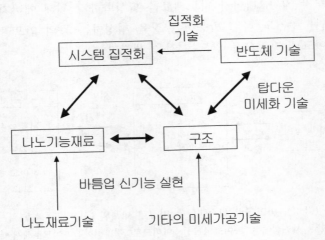

그림 35. 마이크로기계와 나노재료를 융합한 나노시스템의 3 요소

16.3.2 나노시스템 구성학

그러나 이들의 기능을 목적에 맞추어 발휘시키고, 바라는 대로

제어하기도 하고, 에너지나 원료를 공급하고, 반응물을 꺼내기 위해서는 배관이나 반응기, 공진공동(共振空洞) 등의 '구조'가 필요하다. 이것은 나노 레벨에서 만드는 것보다는 미세가공으로 설계에 따라 제작하는 것이 바람직하다. 표 2에 나노구조의 예를 나타냈다.

표 2. 나노구조의 예

용 도	실 현 예
프로브	주사터널현미경, 원자간력현미경, 자기력현미경, 근접장현미경 등의 나노프로브
유로(流路)·용기 (容器)	나노유로, 나노반응기(反應器)
양자구조	반도체 양자점, 양자세선, 나노입자
리드 아웃	나노전극, 나노 트랜지스터
전계(電界)에 의한 조작	유전체력 발생용 전극(誘電體力發生用電極) 전기영동(泳動) 캐필러리(capillary 모세관현상)
광학 캐비티	DRB(분포 브라그 반사판) 광공진 공동(cavity)

전체적으로 어떤 방법으로 미세구조를 조합하고, 그 속에 어떤 나노재료를 넣느냐, 또 이들 전체를 마크로계와 통합하여 신호·물질·에너지를 바르게 전달하게 하는 것이 시스템 구성의 역할이다. VLSI(대규모 집적회로)의 설계기술, 화학 플랜트 설계 지식, 기계공학의 설계론(設計論) 등을 통합하여 나노시스템 구성학을 만들어 낼 필요가 있다. 특히 이때 나노세계나 마이크로세계의 특징에 맞는 설계법을 고찰하지 않으면 안 된다.

16.3.3 다음과 같은 나노테크의 기술과제

이상의 나노시스템을 실현하는 것은 나노기술을 광범위하게 응용하는데 꼭 필요하다. 왜냐하면 나노시스템의 사고방식으로 다음과 같은 나노기술에 관한 기술과제를 해결할 수 있기 때문이다.

1) 마크로세계와의 인터페이스
2) 시스템의 자유로운 설계와 제어
3) 나노재료의 치수나 특성의 불안정 대책

16.4 나노구조를 만드는 법

16.4.1 나노시스템 전체의 실현은 5년~10년 앞의 일

나노시스템 전체가 실현되는 날은 5년에서 10년 앞의 일일 것이다. 그러나 개개의 요소에 관해서는 유망한 성과가 얻어지고 있다. 나노기능 재료에 대해서는 이 책의 다른 장에서 많이 다루고 있기 때문에 여기서는 나노구조를 만드는 법에 관하여 현재 상황만을 소개한다.

16.4.2 나노구조를 만드는 법

나노구조를 만드는 법은 원자나 분자를 쌓아 올리는 바틈업 기술과, 재료 위에 미세한 패턴을 그리거나 전사(轉寫)하는 탑다운 기술이 있다. 그림 36에 나타낸 바와 같이, 바틈업 기술로는 원자나 분자간의 상호작용을 이용하여 바라는 형태를 서서히 만들어 간다. 예를 들면 GaAs 기판상에 InAlGaAs를 미량성막(成膜)했을 때 생기는 자기조직화(自己組織化) 아일랜드가 양자점 레이저에 이용되고 있다. 양자점의 크기는 10nm 정도이다.

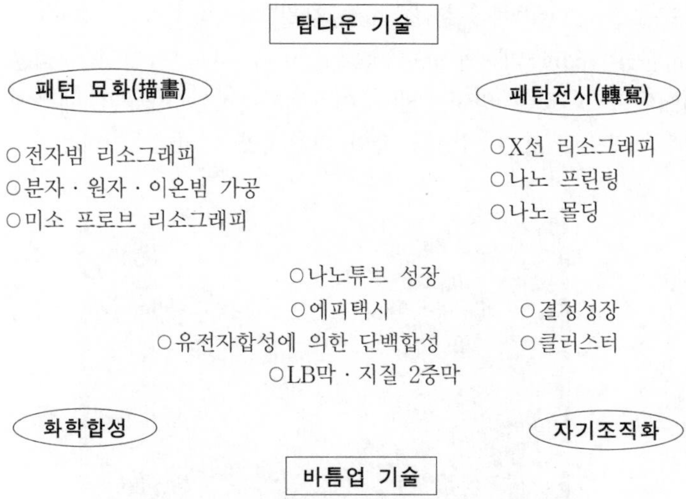

패턴 묘화(描畵)

○전자빔 리소그래피
○분자 · 원자 · 이온빔 가공
○미소 프로브 리소그래피

패턴전사(轉寫)

○X선 리소그래피
○나노 프린팅
○나노 몰딩

○나노튜브 성장
○에피택시
○유전자합성에 의한 단백합성
○LB막 · 지질 2중막

○결정성장
○클러스터

화학합성

자기조직화

바틈업 기술

그림 36. 나노구조를 만드는 법

16.4.3 탑다운 방법

한편 탑다운 방법에서는 우선 바라는 나노패턴을 묘화하는 일이 필수이다. 전자빔을 이용한 리소그래피나, 이온이나 원자빔에 의한 직접 절삭이나 선택성장으로 나노패턴이 만들어진다. 또 STM이나 SNOM을 이용한 프로브 리소그래피 실험도 있다. 이렇게 하여 그려진 패턴은 부식(etching)으로 재료에 전사한다. 그리고 나노구조를 모형(母型)으로 하여 X선 리소그래피나 나노 프린팅, 나노 몰딩 등의 수법으로 패턴을 전사할 수 있다.

16.4.4 나노 와이어와 나노 진동자 - 실리콘기판 상에 나노구조를 만든 예

리소그래피나 에칭 기술을 교묘히 이용하여 실리콘 기판상에 나노구조를 만든 예를 사진 1과 사진 2에 나타냈다. 사진 1은 폭 55nm, 높이 35nm의 2등변3각형의 단면을 갖는 단결정 실리콘 나노 와이어이다. 이것은 양자세선에 이용된다. 너무 가늘기 때문에 투과 전자현미경으로 보면 와이어 속의 원자배열이 비쳐보인다.

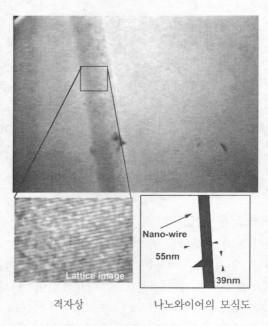

격자상   나노와이어의 모식도

사진 1. 나노와이어의 전자현미경 사진

사진 2는 3각추상(三角錐狀)의 미소한 두부(頭部)를 직경 10nm 정도의 가느다란 기둥으로 떠받친 나노미터 치수의 진동자의 구조로, 두부가 극히 높은 주파수로 진동한다. 이것의 공진주파수는 100MHz에서 1GHz에 달한다. 다수의 진동자가 어레이로 되어 있 으므로 평활한 표면상에 있는 미소한 요철을 다점에서 동시에 측

정할 수가 있다. 또한 요철을 정보의 비트에 대응시킴으로써 초고
밀도의 데이터 기록에 응용할 가능성이 있다.

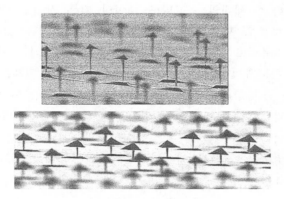

사진 2. 나노미터 치수의 진동자어레이

16.5 나노시스템의 현황

나노시스템은 아직 맹아기(萌芽期)이지만 선구적인 실용 예를
보게 되었다. 첫째로 원자간력현미경용의 프로브로 대표되는 조작
프로브현미경용의 탐침은 마이크로 머시닝 기술로 만든 것이 시
판되고 있다. 또한 DNA 칩이나 마이크로 바이오 센서는 반도체
가공으로 만든 전극이나 미세 패치 상에 바이오 분자를 선택적으
로 붙인 디바이스이다. 또한 미세 유로(流路)와 전극을 조합하여
유로 내에서 DNA를 단분자 조작하거나, 마이크로 캐필러리 전기
영동(泳動)으로 분리하는 칩도 만들고 있다. 이들은 어느 것이나
제품으로서 시판되고 있다. 보다 발전된 시스템을 목표로 한 연구
예도 발표되었기에 다음에 소개한다.

16.5.1 멀티프로브에 의한 데이터 기록

디지틀 데이터를 기록하는데 하드 자기디스크나 광디스크가 쓰이고 있다. 차세대의 초고밀도 데이터 기록 장치로 예리한 끝을 가진 프로브로 평판상에 나노대의 표시를 하거나 읽어내기하는 방식이 주목되고 있다. 그러나 프로브로 하는 읽기 쓰기는 시간이 걸리기 때문에 다수의 프로브를 어레이화하여, 전체로서 데이터 전송속도를 향상하는 것이 필요하다. 참고문헌 (주5)에 기록되어 있는 것과 같이, IBM 츄리히 연구소에서는 32×32(합계 1024개)의 프로브 어레이를 만들어 각각 배선하면 데이터의 읽기 쓰기가 가능함을 밝혔다. 프로브 어레이의 제작은 반도체 마이크로머신 기술을 이용하고 있다.

16.5.2 트윈 나노프로브(Twin nanoprobe)

2개의 가늘고 뾰족한 탐침 사이에서 나노구조를 자유로 측정하기 위해 사진3의 우측과 같이 직경이 겨우 100nm이고 길이 5μm인 트윈 나노프로브를 마이크로 머시닝 기술로 제작하였다. 각각의 프로브는 사진3의 좌측에 나타낸 마이크로 액츄에이터로 독립

마이크로 액츄에이터

나노프로브

사진 3. 트윈 나노프로브 전체(좌)와 끝부분 확대도(우)

적으로 움직이게 할 수 있다. 최고 분해능을 가진 전자현미경 아래에서 나노프로브를 움직였다. 프로브 끝의 갭은 최초 400nm였는데 액츄에이터로 완전히 닫을 수 있었다. 나노 영역의 양자구조(量子構造)나 표면물성의 측정에 활용할 것이 기대된다.

16.5.3 나노센서(Nanosensors)

나노미터의 치수를 갖는 프로브로 고감도 화학센서도 만들고 있다. 수10nm의 두께로 수10μm 길이의 캔틸레버를 만들어, 검출하고 싶은 분자와 반응시키거나 그 물질을 선택적으로 흡착하는 막을 그 위에 덮으면, 검출해야 할 분자가 나노캔틸레버에 붙게되면 막의 내부응력이 변화하여 캔틸레버가 휘기도 하고 캔틸레버가 약간 무거워지기 때문에 그의 공진 주파수가 얕아지기도 한다.

캔틸레버는 극히 얇고 가볍기 때문에 소수의 분자만 붙어도 큰 변화가 생기므로 분자 레벨의 극히 고감도 센서가 될 수 있다. 실제로 여러 가지 검출용 막을 붙인 나노 캔틸레버를 어레이로 이용하여 각종 분자를 동시에 측정하도록 하고 있다.

16.5.4 마이크로 리액터(Microreactor)

유리나 플라스틱 칩 위에 미소한 유로(流路)나 반응용기를 마이크로로 가공하고, 그 속에서 화학반응을 시키는 연구가 왕성하게 추진되고 있다. 유로의 치수는 수100nm에서 100μm까지이다. 가지를 쳐서 나뉜 미소유로 속에서 미량의 액체를 혼합하여 반딧불의 발광반응을 재현하기도 하고, RNA에서 단백질을 합성할 수 있음도 드러나고 있다. 후자는 유전자조작을 한 DNA에서 세포를 쓰지 않고 목적하는 단백질을 얻는 길을 개척하는 것이다. 세포 독성이 있는 것 같은 단백질은 생물 속에서 합성시킬 수는 없지만,

그 합성이 가능하게 되는 것은 의미가 크다.

마이크로 리액터의 특징은 반응물질이 미량으로도 되고, 반응시간이 짧고, 또한 다수의 반응을 동시에 병렬로 할 수 있는 것이다. 이 특징은 컴바이너토리얼 케미스트리(combinatorial chemistry 조합 화학합성)에 최적이다. 이 컴바이너토리얼 화학은 바라는 성질(예를 들면 약으로서의 효과)을 갖는 화합물을 얻기 위해, 몇 가지 원료를 조합하여 수천 수만가지 화합물을 만들고 그 성질을 조사하여 유망한 것을 선별하는 방법이다. 종래의 화학합성으로 컴바이너토리얼 화학을 하면, 다량의 원료를 쓰고 장시간이 걸려 다수의 인원과 장치가 필요하다. 이것을 마이크로 리액터에서 하면 원료 절약, 단시간, 병렬 자동 처리되도록 하는 것이 기대된다.

16.6 나노시스템의 장래 전망 – 2개의 방향을 생각한다

16.6.1 첫째 방향 – 분자, 세포를 마이크로머신에 들여놓는 시스템

나노시스템의 장래에 대해 2개의 방향을 생각할 수 있다. 그중 하나는 분자나 세포를 마이크머신에 들여놓는 시스템이다. 원자나 분자를 조립하는 것만으로 마크로적인 치수를 가진 기계가 만들어지는 것은 아니다. 마이크로화 기술을 순차적으로 융합하여 나노기능을 가진 기계를 우리들이 뜻대로 잘 쓸 수 있는 크기로 실현해 가야한다.

예를 들어, 직경이 수십nm인 분자모터를 써서 나노접점을 바꾸어주면 나노스위치가 만들어질지 모른다. 또한 표면에 세포가 좋아하는 물질을 적절한 단백질로 붙여두고 그 위에서 간세포나 부신수질(副腎髓質)세포를 배양할 수 있다면, 인공장기에 대한 꿈이 확대될 것이다. 간장을 관찰하면 영양, 산소, 대사물질을 운반하는 혈관과 그것에 연결되는 미소관, 간세포의 층상구조와 그것을 면역계(免疫係)의 공격에서 지키는 표피세포, 담즙을 모으는 담관 등, 크기가 다양한 복잡한 구조로 되어 있다. 마이크로 기계기술로 이와 같은 구조를 만들고, 다시 혈액을 순환시키는 펌프, 온도나 영양 농도, 산소량 등을 제어하는 컨트롤러 등 여러 가지 기능을 집적화해 가는 것이 기대된다.

16.6.2 둘째 방향 - 나노레벨에서 발현하는 자기조직화 (自己組織化)를 이용한 기계의 제작방법 개발

또 하나의 장래 모습은 나노레벨에서 발현하는 자기조직화 현상을 이용한 기계의 제작방법 개발이다. 달걀에서 병아리가 발생해가는 과정에서 분열한 세포는 서로의 표면 단백질을 인식하여 적절한 위치에 줄을 섬에 따라 놀라운 질서를 낳는다. 탑다운 방법으로 만든 나노나 마이크로 기능 부분품의 표면을 나노물질로 처리하고, 서로를 결합해가면 컴퓨터나 마이크로기계가 자기조직적으로 완성되는 꿈의 나노시스템 제조법이 된다.

16.6.3 미래의 꿈에 도전하다

이와 같은 미래의 꿈을 공학기술로 실현하기 위해서는, 이공학 관련 각종 전문분야를 알고 그들을 자유로 연결하여 새로운 나노기술을 개척해가는 연구가 필요하다. 앞으로 몇 십년이고 계속될 도전적 테마로서 종합적 접근을 계속 할 수 있는 연구와 교육의 체제를 확립하게 되기를 바란다.

<참고문헌>

(주1) 藤田博之 : 「マイクロマシンの世界」工業調査會, 1992.

(주2) 江刺正喜, 外 : 「マイクロマシニングとマイクロメカメトロニクス」, 培風館, 1992

(주3) 江刺正喜, 外 : 「マイクロオプトメカトロニクスハンドブック」, 朝食書店, 1997

(주4) Special Issue on "Integrated Sensors, Microactuators and Microsystems(MEMS)", Proceedings of IEEE, vol. 86, No. 8, Aug. 1998.

(주5) P. Vettiger, et al, IBM J. Res. Develop. 44, 323 (2000)

(藤田博之)

제 17 장
DNA 마이크로어레이
(Deoxyribonucleic Acid Microarray)

키워드

1) DNA   2) 유전자 진단
3) 유전자 발현   4) 유전자 변이
5) 1염기다형(1塩基多形 : Mononucleotide Polymorphism)
6) 컴바이너토리얼 합성(Combinatorial synthesis)

포인트는 무엇인가?

  DNA마이크로어레이는 유리나 실리콘 등의 기판상에 여러 종류의 DNA를
고밀도로 정렬시킨 디바이스로서 유전자 발현, 유전자 변이, 유전자 다형
등의 해석에 대단히 유용하다. 이 방법의 개발에 의해 병의 상태에 따라
발현이 변동하는 유전자의 동정(同定)이나 발생, 분화 과정에 발현 변동하
는 유전자의 해석 등이 가능하게 되었다. 인간지놈(게놈)의 전모가 밝혀지
고, 포스트지놈 시대를 맞이한 현재, 신약연구, 질병의 진단이나 예방, 식품
검사, 환경문제 대책 등 광범위한 분야에 강력한 연구개발 도구로 될 것을
기대하고 있다.

17.1 DNA 마이크로어레이의 개요

17.1.1 의료 현장에서 유전자 진단 방법으로 등장
현재까지 병의 진단은 혈액 중의 단백질을 조사하거나, X선 등

의 검사장치를 사용하거나 하여 이루어졌다. 그러나 유전자의 작용을 조사하면, 병의 조기 발견이나 의약품의 부작용 예측 등도 가능하기 때문에 의료 현장에서 유전자 진단의 필요성이 급속히 높아지고 있다. 이 유전자 진단을 신속, 간편하게 할 수 있는 방법으로서 각광을 받고 있는 것이 DNA 마이크로어레이이다.

17.1.2 기본원리의 단순명쾌성

DNA 마이크로어레이의 기본원리는 단순명쾌하여, 종래부터 하고 있는 서던블로팅(southernblotting), 노던블로팅(northernblotting)과 똑같이, 상보적인 핵산끼리 하이브리다이제이션(hybridigation)에 의거한 핵산 검출법의 하나이다. 그러나 여기서 기대되는 것은, 마이크로화에 따라 대량해석, 샘플의 절약, 검출감도의 향상, 데이터 취득 및 처리의 고속화, 간편화가 이루어지는 것이다.

우선 표면을 특수 가공한 슬라이드 유리나 실리콘 등의 기판상에 다수의 다른 DNA 프로브를 고밀도로 고정한 후, 형광표지한 타켓 핵산을 하이브리다이즈시켜, 각각의 프로브에서 얻어지는 시그널을 고성능 현광스캐너로 검출하여, 그 데이터를 컴퓨터로 해석한다. 일반적인 칩의 크기는 $1 \sim 10 \text{cm}^2$로서, 수천에서 수십만 종류의 DNA가 고정화되어 있다.

17.1.3 도해(圖解)

DNA 마이크로어레이에 의한 유전자 발현 모델링을 예로 들어 실험과정을 그림 37에 나타낸다. cDNA를 프로브로 하여 고밀도로 정렬시킨 DNA 마이크로어레이에, 세포나 조직에서 추출한 mRNA의 역전사반응에 의해 형광분자로 표지된 타켓 cDNA를 하이브리다이즈시켜 검출·해석한다.

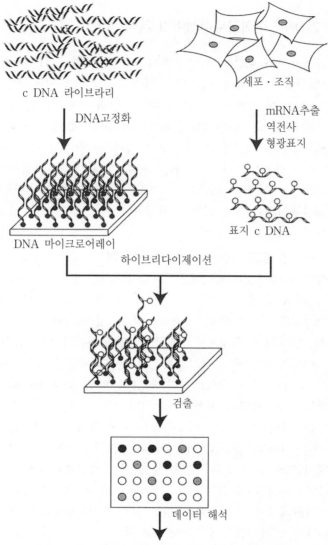

c DNA 라이브라리

세포 · 조직

DNA고정화

mRNA추출
역전사
형광표지

DNA 마이크로어레이

표지 c DNA

하이브리다이제이션

검출

데이터 해석

그림 37. DNA 마이크로어레이에 의한 유전자 발현의 모니터링

17.2 DNA 마이크로어레이의 제작

고정화하는 DNA는 목적에 따라 크게 2가지로 나누어진다. 유전자 발현을 조사하기 위해서는 cDNA나 그 일부를 고정화한다. 이들의 배열은 cDNA나 지놈의 라이브러리 또는 전체 지놈을 템플레이트(template 형판)로하여 PCR(polymerase chain reaction)로 증폭시켜 조제한다. 한편 유전자의 변이나 다형(多型 polymorphism)을 조사할 경우에는 표준이 되는 이미 알고 있는 배열을 기초로 하여 변이나 다형에 대응하는 여러 가지 올리고뉴클리어타이드(oligonucleotide)를 기판 위에서 합성한다.

17.2.1 합성형 DNA 마이크로어레이

합성올리고뉴클리어타이드를 고정화할 때 유리나 실리콘 기판상에서 직접 합성하는 방법이 있다. 이 방법으로는 분획한 기판 표면상에서의 조합반응(컴바이너토리얼 합성)시켜 많은 종류의 DNA를 한꺼번에 합성한다. 예를 들면, 4종류의 염기(A,T,G,C)에 의한 10염기 길이의 올리고뉴클리어타이드 배열은 $4^{10}=1,048,576$ 가지가 있는데, 컴바이너토리얼 합성에 의해 $4×10=40$회의 합성 사이클로 모든 배열을 합성할 수 있다.

문제는 기판상의 소정 미소영역에서 어떻게 선택적 합성을 하는가 이다. Folder 등은 컴바이너토리얼 화학과 반도체 제조용 리소그래피 기술을 짜맞춤으로써 이 문제를 해결했다. 광리소그래피는 극히 미세한 표면가공이 가능하기 때문에, 직접도가 높은 DNA 마이크로어레이가 제작 가능하다. 이 방법으로 25염기 정도의 DNA를 유리기판상에 합성할 수 있다.

이와같이 광리소그래피 기술을 이용하여 제작된 고밀도 올리고

DNA 마이크로어레이는 반도체 칩을 모방하여, DNA칩이라고도 부른다. 최근에는 DNA 칩이라는 이름이 보급되어, 광의로는 DNA 마이크로어레이 전체를 가리키는 일도 있다.

　DNA 칩의 특허는 미국의 Affimetrix사가 갖고 있으며, GeneChip 으로 판매하는데 세계시장의 대부분을 점유하고 있다.

17.2.2 첩부형(貼付型) DNA 마이크로어레이

　한편 cDNA나 그 일부 등 비교적 긴 DNA를 유리기판에 첩부 (착 달라 붙임)하여 가는 방법도 있다. 여기서 쓰는 DNA는 일반 적으로는 cDNA나 지놈라이브러리를 템플레이트로 하여 PCR로 증폭하여 합성한다. 이 방법은 DNA를 핀 끝으로 물리적으로 스 팟(spot)하기 때문에 고밀도화에서는 광리소그래피보다 떨어지지 만, 대규모의 반도체 제조장치를 필요로 하지 않는다.

　유전자 발현을 정량적으로 분석하기 위해서는 스팟(spot)의 양, 치수, 형상의 변동을 최소한으로 할 필요가 있어 여러 가지 방식 의 소자(어레이어)가 개발되고 있다. 핀 끝을 고상(固狀)에 기계적 으로 접촉시키는 핀 방식, 잉크젯 프린터의 원리를 이용한 잉크젯 방식, 모세관에 의한 캐필러리(capillary)방식 등이 있다.

17.3 타겟(Target) DNA의 검출과 데이터 해석

　만들어진 DNA 마이크로어레이는 유전자 발현의 모니터링, 유 전자의 변이 해석, 다형 해석 등에 이용된다. 검출에는 주로 RI 표지나 형광 표지한 표적 DNA가 쓰이고 있지만, 현재는 형광표 지가 주류로 되어 있다. 기판상의 프로브 DNA와 하이브리다이즈 한 표적 DNA는, 기판상에서 2개의 사슬을 형성한다. 이들의 형광강도는 고해상도 형광스캐너로 분석한다.

스캐너는 형광레이저현미경과 CCD 카메라, 컴퓨터를 연결한 측정·해석 장치이다. 스캐너는 치수가 수십마이크론, 간격이 100마이크론 정도의 스팟을 정량적으로 식별할 수 있는 해상도가 필요하다. 또한 많은 검사물을 광범위하게 고속으로 스캔할 수 있는 것이 바람직하다.

유전자 발현을 해석하는 검출법으로서는 2형광표지법이 주로 활용된다. 원리는 2가지 mRNA를 각각 다른 형광물질로 표지하고, 동일 마이크로어레이상에서 경합적으로 하이브리다이제이션시켜 양자의 형광을 비교함으로써 유전자 발현의 차를 검출하는 것이다.

이런 방법으로 DNA 마이크로어레이에서 얻는 데이터의 양은 방대하다. 따라서 고속이고도 간편하게 복잡한 데이터를 해석하는 소프트웨어의 개발이 중요한 과제이다.

17.4 DNA 마이크로어레이의 응용

DNA 마이크로어레이는 유전자 발현, 유전자 변이, 유전자 다형 등 각종 응용을 생각할 수 있다. 여기서는 한 예로서 유전자 다형에 관해 설명한다.

지놈 DNA의 염기배열상에서 핵산의 변이에 의해 개인 간에 1염기가 다른 현상을 1염기다형(single nucleotide polymorphisms : SNPs)이라고 한다. SNPs는 인간 지놈 중에 고빈도로 존재하며, 약 1000염기에 1개소, 즉 총 30억 염기의 인간 지놈 중에는 300만 이상의 SNPs가 존재할 가능성이 있다. 이와 같은 개인간의 유전적 변화폭은 여러 가지 병의 원인유전자, 위험유전자로 되기 때문에, SNP 해석은 병의 원인 규명과 그 치료법을 확립하기 위한 새로운 수법으로서 주목되고 있다. 각 환자 개인의 질병유전자나 약물 감수성을 결정하는 유전자에 대한 SNP 진단으로 주문생산형 의료가 가능하도록 다양한 연구가 전개되고 있다. DNA 칩은 이 SNP 진단에서 강력한 도구가 될 것이 틀림없다.

17.5 현재 상황과 장래 전망

17.5.1 포스트 지놈 연구의 급속한 발전

DNA 마이크로어레이로 측정할 수 있는 것은 전사산물인 mRNA 이고, 실제로 기능을 발현하고 있는 단백질을 파악하고 있는 것은 아니라는 것에 주의할 필요가 있다. 이 점은 포스트지놈 연구에서 급속히 발전하고 있는 단백질 해석, 프로테오믹스(proteomics)에 의해 보완되어야 한다.

17.5.2 제작에 비용과 노력이 든다

현재 상태에서 DNA 마이크로어레이를 만드는 데 비용과 노력이 드는 것이 난점이다. 몇 개의 회사가 시판을 하고 있지만, 아직 고가이며, 또한 연구자가 손쉽게 쓸 수 있는 범위 내에는 들지 못하고 있다. 그러나 한편에서는 DNA 마이크로어레이에 관한 기술개발, 개량도 착실하게 진전하고 있고, 가격인하와 연구자의 증가에 따라서 생물학 분야, 의학 분야의 기초연구, 응용연구 양면에 걸쳐 더욱 침투해 갈 것을 기대하고 있다.

17.5.3 일진월보하는 기술 진보

DNA칩을 이용한 유전자 발현 해석에 관한 최초의 논문이 1995년에 발표되었을 때는, 겨우 48개의 유전자를 해석하고 있는 데 지나지 않았다. 그러나 이 분야의 기술 진보는 현저하여 현재까지 수십만 개 수준의 유전자 해석이 가능하게 되었다. 가까운 장래에 인간의 모든 유전자를 한 장의 어레이 상에 집적하여 분석하는 날이 올 것이다.

〈참고문헌〉

(주1) 細胞工學別冊 DNAマイクロアレイと最新PCR, 村松正明, 秀潤社 (2000)

(주2) DNAチツプ技術とその應用, 君塚房夫外 43(13), 2004-2111 (1998)

(小田英理)

제 18 장
바이오분자 디바이스(Biomolecular devices)

키워드

1) 바이오 분자(Biomolecules)　　　2) DNA(Deoxyribonucleic Acid)
3) 펩티드 나노튜브(Peptide nanotubes)
4) DNA 디바이스(DNA devices)

포인트는 무엇인가?

바이오분자 디바이스란 컴퓨터로 대표되는 미래형 일렉트로닉스 기기나 기계적 동작을 하는 나노기계를 작성함에 있어서 DNA와 단백질로 대표되는 생체고분자의 특징을 이용하려 하는 야심적인 제안이다. DNA가 가진 정확한 상보성을 이용한 각종 기하학적 구조의 창제 및 그것의 전기적 성질을 이용한 일렉트로닉스 디바이스의 적용이 생각되고 있다. 단백질에 관해서는 이종분자간의 비공유결합에 의한 자기조직화능(自己組織化能)을 이용하거나 혹은 모방하는 형태로 응용하는 방법이 생각되고 있다.

18.1 DNA 디바이스

18.1.1 Seeman 등이 개척한 DNA기술

DNA는 2중나선구조를 만들 때, 2개의 사슬이 갖는 염기배열의 상보성을 요구한다. 즉 아데닌(adenine, A)에 대해서는 타이민

(thymine, T), 구아닌(guanine, G)에 대해 사이토신(cytosine, C)이라는 쌍이 완전히 만족될 때에 가장 안정된 나선구조를 만든다. 이 성질을 이용하면 여러 가지 기하학적 재료를 설계할 수가 있다.

이 분야는 Seeman 등에 의해 정력적으로 개척되고 있으며 DNA Engineering이라 불린다. 예를 들면 그림 38에 표시한 것과 같이 가지가 나누어진 DNA 사슬의 설계가 있다(주1). 이와 같은 가지 나눔 구조는 원래 생물학에서는 Holliday junction이라고 불리고 있으며, 염색체상의 유전자 교차(crossing over)가 일어나는 미캐니즘으로 알려져 있다.

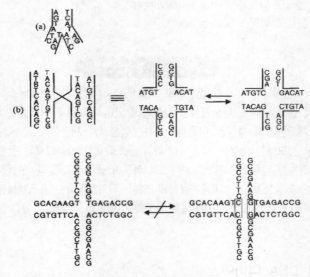

그림 38. DNA에 의한 분기(分岐)를 가진 배선의 기초
(상) 생물에서 볼 수 있는 holliday junction의 예
(하) 염기배열을 연구하여 분기(分岐) 부분이 이동하기 않도록 한 배선구조의 예
Edward A Ritman, 「Molecular Engineering of Nanosystems」 p.210. 그림 6, 19에서 인용.

18.1.2 가지나눔 DNA 구조

이 가지나눔 구조 연구로 분기점이 이동하지 않도록 염기배열을 설계하고 있다. 이외에 단순한 선상구조 뿐만 아니라 평판구조, 나선구조 등 여러 가지가 연구되어 있다. 이용 방법의 하나는 DNA 구조를 그대로 분자 조립 소재로 사용하여 나노기계 등을 설계할 때 기계적 부분품으로서 쓴다는 생각이고, 다른 하나는 이 구조를 이용하여 DNA를 소재로 하는 일렉트로닉스를 발전시키려는 야심적인 계획이다. 후자에 관해서는 다음 항에서 다루기로 한다.

18.1.3 DNA 용수철(DNA spring)

DNA를 기계적 부분품으로 이용하는 흥미있는 예로서 DNA 용수철 장치가 있다(주2). DNA에는 용액 중에서 취하는 대표적인 구

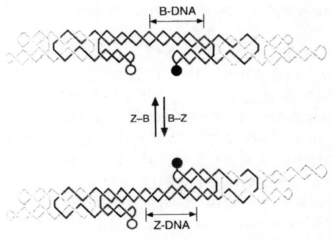

그림 39. Seeman 등이 DNA로 만든 용수철
B형과 Z형의 전이를 이용하여 용수철 장치를 만들었다.
(Nature 397, 144 (1999)에서 인용)

조에 B형과 Z형이 있다. B형은 우측감기의 2중나선, Z형은 좌측감기의 2중나선이다. 후자는 특히 GC함유량이 높은 DNA로서 실현이 쉽다. 이와 같은 구조간의 상전이(相轉移)를 이용하여 그림 39에 나타낸 것과 같은 용수철 장치가 제안되었다.

18.2 DNA 전자디바이스(DNA electron devices)

18.2.1 전자재료, 소자간의 배선재료

DNA는 굵기가 2nm인데 길이는 얼마든지 길게 만들어지며, 일정한 길이로 맞추는 것도 가능하다. 게다가 위에 말한 바와 같이 염기배열의 상보성을 이용하면 각 DNA분자가 자연이 설계한 대로 기하학적 배치를 취한다는 편리한 성질을 가지고 있으므로, 전자공학 재료로서 혹은 소자간의 배선재료로서 가능성이 논의되고 있다.

DNA의 2중나선구조를 보면, 외측에는 인산기와 당 사슬이 나란이 서 있고, 사슬의 중심부는 나선축과 직각방향으로 염기쌍(A=T, G=C)이 거의 틈 없이 겹겹이 쌓아 올려져 있다. 염기는 각각 공역2중결합(共役2重結合)을 갖는 환상(環狀)구조를 가지고 있으므로, 염기 한 쌍 사이에 전자를 주고받게 하는 것은 비교적 쉽지 않을까 생각된다. 그 때문에 오래전부터 DNA 나선축 방향의 전도성 측정과 그 이론적 배경이 연구되어 오고 있다. 당초 이것은 DNA의 생물적 성질의 하나로 연구되고 있었으나, 근래에는 DNA를 전자공학소자의 하나로 이용할 때를 대비하여 확실하게 해놓지 않으면 안 될 문제가 되었다.

18.2.2 DNA의 전도성 측정방법

-Barton, 가와이(川合) 교수 등의 주목할 만한 업적-

DNA의 전도성을 측정할 때 그것을 물속에서 측정하는 방법과 진공 혹은 공기 중에서 측정하는 경우가 있다. 수중 측정에서 Barton 등이 DNA는 대단히 높은 전도성을 갖는다고 보고한 후(주3), 이것을 지지하는 연구결과와 상반된 결과 보고가 있어, 현재로는 측정방법에 따라 차이가 대단히 크다는 것이 지적되었다(주4). 가와이(川合) 등은 DNA를 진공 중에서 기판에 고정한 후, 금전극과 접촉하게 해서 그것의 전도성을 측정하고 있다(주5).

DNA의 도전성이 그렇게 높지 않을 경우에는, 우선 염기배열의 상보성을 이용하여 만든 기하학적 배선에 대하여 금속을 코드하여 설계 가능한 금속 배선을 실현하려는 방향도 있다(주6). 이 경우 코딩은 배선한 후부터 DNA 특성대로 반응하도록 한 금입자를 촘촘하게 결합시켜, 금입자끼리 접촉 융합하여 도선이 되도록 한다.

18.3 DNA 가공

18.3.1 바이오기술이 갖는 하나의 중요 과제

개개의 DNA 분자를 직접 가공하는 것도 바이오나노기술의 중요한 과제이다. DNA는 분자 1개를 가공하여 그 결과를 몇 억배로도 증폭할 수 있는 PCR법(polymerase chain reaction)이라 하는 편리한 방법이 있으므로, 다른 분자와 비교하면 나노기술의 대상으로서 다루기 쉽다. 증폭한 DNA는 일반적인 방법으로 염기배열을 결정하고, 다음으로 세포핵 내에 도입함으로써 생물학적 효과를 측정할 수 있다.

18.3.2 경도대학 와시쓰(鷲津) 연구실의 주목할 업적

단일 DNA분자의 인공적인 가공기술은 경도대학 공학부의 와시쓰마사오(鷲津正夫) 교수 연구실에서 이루어지고 있는 방법으로 특필할 만하다. 그 방법은 효소적인 방법으로서 길이를 고르게 한 DNA, 혹은 파지(phage)나 바이러스에서 유래된 길이가 일정한 DNA를 교번전장(交番電場)에 놓음으로써, DNA가 전장의 방향으로 늘어나 나란히 서게 하는 방법에 따르고 있다(주7). 이와 같이 줄을 선 DNA는 형광시약으로 염색하고 바이오현미경을 사용하여 가시화할 수 있다. 가시화한 DNA 분자를 하나하나 분자 수술하는 법도 개발되고 있다.

18.3.3 도요하시(豊橋)기술대학 미즈노(水野) 연구실의 주목할 업적

도요하시(豊橋)기술과학대학원 대학의 미즈노(水野)교수 연구실에서는 DNA를 콤팩트한 덩어리로 만든 후, 이것을 잡아 늘려서 가공조작하는 기술을 개발하고 있다(주8). DNA는 마이너스(−)전하가 많은 고분자 전해질이기 때문에, 첨가하는 양이온의 농도와 종류에 의해 트로이달(troidal)상의 덩어리로 된다. 이 현상은 일종의 상전이로서, 여러 가지 연구가 진행되고 있는데, 물리화학적으로도 흥미있다. 생물적으로는 바이러스나 박테리오파지(bacterio-phage)의 각(殻) 내에 DNA를 채워넣을 때 이와 유사한 현상이 일어나지 않을가 생각되고 있다. 기술로서는 긴 DNA를 콤팩트화한 후에 그곳에서 선상으로 DNA를 끌어내올 수 있으므로, 뒷날 DNA 가공에 유효할 것이다.

18.3.4 Bensimon의 주목할 업적

정제한 DNA를 선상으로 늘어놓고, 이 DNA의 여러 부위에 상보적으로 결합하는 DNA를 만든 다음, 이것을 형광표지하고 나서 원래의 DNA에 결합하면, 결합부분을 단일 분자 레벨로 가시화할 수가 있다. 이 방법은 Bensimon 등에 의해 연구되고 있으며, 염색체 DNA의 유전자구조 해석방법으로서 개발되고 있다(주9).

염색체에서 DNA의 특정 부위를 채취하여 유전자해석에 제공하기 위한 기초연구로 Xu 등의 연구가 있다(주10, 다음장 참조).

18.3.5 DNA 가공조작의 기타 방법

이상과 같이 DNA의 가공조작에서는, 수중에서 랜덤 코일상으로 둥글게 말려 있는 분자를 조작기판상에 선상으로 잡아늘려놓는 것이 기본이므로, 이를 위한 여러 가지 방법이 시도되고 있다.

이제까지 설명해 온 방법 외에 다음과 같은 것이 시도되고 있다.

1) DNA용액을 유리기판에 놓고, 커버 유리와의 사이에서 용매가 건조해 가는데 따라 한 끝을 유리에 고정된 DNA가 늘어나게 하는 방법

2) 똑같이 일단을 고정한 DNA를 강한 물 흐름 속에 놓음으로써, 유체역학적으로 DNA를 잡아늘려 기판에 고정하는 방법

3) 유리기판과 커버유리 사이에 끼운 DNA용액을, 두 유리를 서로 조금 비켜 놓는 힘으로 잡아늘리는 방법

18.4 DNA 컴퓨터

DNA의 상보성과 PCR법의 신속, 정확, 고효율 증폭을 이용한

DNA 컴퓨팅 아이디어가 1994년에 Adleman에 의해 발표되어 크게 주목되었다(주11). 예로서 다룬 문제는 '순회 세일즈맨'인데, 몇 개의 도시를 2회 방문하는 일 없이 전부 방문하는 경우 그 순번을 정하는 문제인데, 출발점과 종점이 되는 도시가 결정되어 있다. 그후 DNA 컴퓨터는 일본에서 열심히 연구되고 있으며, 상당히 고도의 논리적 수학문제를 푸는 시도도 발표되고 있다(주12).

18.5 단백질과 유사물질

단백질은 전도성이 기대되지 않으며, 대단히 장대한 분자로는 존재하지 않으므로, DNA와 같은 배선으로의 사용은 시도되고 있지 않다. 오히려 단백질 자체의 나노기계로서 그 성질이 대단히 상세하게 조사되어 있다. 개개의 예는 아직 생화학 혹은 생물물리학의 연구대상이고, 나노기술의 대상으로서는 이제부터 시작이다.

유사물질로 소개하려는 것은 합성펩타이드(peptide)분자로서 펩타이드 나노튜브(peptide nanotube)라고 불리는 분자이다. 이것은 광학이성체인 D, L 아미노산을 연결하여 환상(環狀)분자를 만들면, 그 고리가 차례차례로 겹겹이 쌓여올려져 튜브 상태로 성장한다는 것이다. 특히 생체막 중에서 저분자가 통과할 수 있는 구멍을 뚫을 수 있으므로 살균작용이 기대되는 나노물질이다(주13).

18.6 정리 – 앞으로의 연구와 수요를 향하여

이상과 같은 바이오분자 디바이스 연구는 아직 실용화에는 시간이 걸리지만, 분자 디바이스를 설계하는데 있어서 기본이 되는 아이디어를 여러 가지 공급하고 있는 것으로 생각된다.

<인용문헌>

(주1) Winfree E, Liu F, Wenzler L. A, Seeman N. C. Nature. 394 :
539-44 (1998).

(주2) Shchepinov, M. S. et al. Nucleic Acid Res. 27 : 3035-3041 (1999).

(주3) Kelley, S. O. and Barton, J. K., Science 283 : 375-378 (1999).

(주4) Dekker, D. and Ratner, M. A. Physics World August 29-33 (2001).

(주5) Cai, L. T. Tabata, H. and Kawai, T. Appl. Phys. Lett., 77 : 3105
(2000).

(주6) Aich P, Labiuk S. L, Tari L. W, Delbaere L. J, Roesler W. J, Falk K.
J, Steer R. P, Lee J. S., J. Mol. Biol. 294 : 477-85 (1999).

(주7) Oana H, Ueda M, Washizu M, Biochem Biophys Res Commun. 265 :
140-3 (1999).

(주8) Matsuura S, Komatsu J, Hirano K, Yasuda H, Takashima K, Katsura S,
Mizuno A., Nucleic Acids Res. 29 : E79 (2001).

(주9) Herrick, J. and Bensimon, A., Chromosome Research, 7 : 409-423
(1999).

(주10) Xu, Xue-ming and Ikai, A, Biochm. Biophys. Res. Commun. 248 :
744-748 (1998).

(주11) Adleman L. M. Science. 266 : 1021-1024 (1994).

(주12) Sakamoto K, et al Science. 288 : 1223-1226 (2000).

(주13) Ghadiri, M. R. et al. Nature 366 : 324-327 (1993).

(猪飼 篤)

제19장
약물송달 시스템(Drug Delivery System, DDS)

키워드

1) 드러그 델리버리 시스템(DDS)   2) 타겟성(target性)
3) 안전성   4) 세포내 DDS

포인트는 무엇인가?

의료행위인 인체 약물투여방법으로 1) 피하 또는 정맥에의 주사, 2) 경구투여, 3) 코 또는 폐에 직접 투여, 4) 연고나 첩약(貼藥) 사용 등이 있다. 그러나 장래는 1) 병소(病巢) 혹은 병인세포(病因細胞)를 향한 타겟 특성의 향상 (핀포인트 DDS), 2) 필요한 시기에 필요한 만큼 약제를 방출하는 서방성(徐放性)과 지능성의 향상 등이 기대되고 있다. 이와 같은 꿈을 실현하여 국민의 건강을 지키는 데는 분자·세포와 동등한 레벨에서 생체 대응기능을 갖는 드러그 딜리버리 시스템(약물송달시스템)의 출현이 기다려진다.

19.1 DDS 개요

19.1.1 인체 약물투여법로서 DDS

인체 약물투여에 있어 약물의 갈곳(도착 목적지), 약물의 방출시기, 방출량 등을 컨트롤하는 시스템을 드러그 딜리버리 시스템

(drug delivery system, DDS)이라 부르며, 상당히 오래전부터 여러 가지 기능성 고분자를 이용하는 방법으로 DDS법이 연구되어 왔다.

많은 경우, 약물을 인공캡슐 또는 바이러스의 외각(外殼)을 이용한 캡슐에 봉입하여 인체에 주입한 후 캡슐 표면에 심은 표적 세포 인식기구 (대부분은 병소세포에서 특유하게 발현되는 막단백질에 대한 리건드(ligand) 또는 기타 모델화합물을 심어 놓았다)에 의해 병소 부근에 도달하도록 만들어져 있다. 리건드를 사용하지 않을 경우는, 병소 부근의 혈관벽 간극(間隙)이 크게 되어 있는 것을 이용하여, 혈관에서 병소조직으로 스며 나갈 크기로 만들고 있다. 이를 나노파티클 등의 이름으로 부르고 있다(주1).

병소에 도달한 캡슐은 세포표층에 결합함으로써 세포 안으로 포착되어 들어가고, 거기서 캡슐이 파괴되어 내부의 의약분자를 세포내에 배포한다. 병소부는 일반적으로 염증을 일으키고 있어 온도가 주위보다 약간 높아져 있는 것이 보통이므로, 온도 감수성 캡슐을 사용함으로써 병소 부근에서만 약물을 개방하는 시스템도 설계 제작되고 있다(주2).

19.1.2 DNA 백신의 개발

단순히 즉효를 내는 약물의 송달뿐만 아니라, DNA 백신처럼 병원체의 유전자를 백신으로 투여함으로써 바이러스 등에 의한 병을 효과적으로 예방하는 방법이 연구되고 있다. 또한 약물은 일시에 전부 방출되어야 할 때도 있지만, 필요에 따라 서서히 방출되는 쪽이 좋을 수도 있으므로, 서방(徐放)시스템도 중요하다.

19.2 현재의 중점개발 과제

19.2.1 타겟(표적) 특성의 향상

1) 약물배송의 타겟성

약물 배송에 있어 그 타겟성은 일반적으로는 병인세포에 특이적으로 발현되고 있는 막(膜)단백질을 노리는 경우가 많다. 세포가 암화(癌化)되면 어느 정도 병인에 따른 건상세포에 없는 특이한 단백질이나 당지질을 그 표면에 갖고 있는 것이 알려져 있다. 이와 같은 분자에만 결합하는 항체 혹은 리건드를 합성하거나 자연계에서 찾아 캡슐 표면에 심는다. 그러면 약물 캡슐이 병인 부분을 표적으로 하여 그곳에 모이는 것이 실증되고 있다.

2) 병인세포가 혈관에서 멀리 있을 경우

그러나 병인 세포가 혈관에서 멀리 떨어져 있을 경우는, 혈관 내의 캡슐이 우선 혈관에서 나올 필요가 있다. 그런데 보통의 혈관벽에서는 새 나오지 않지만, 염증부위에 이르면, 침투성이 증가한 혈관벽으로부터 세포간극을 통해 외부로 샐 정도의 크기를 갖는 시스템을 구축한다. 이 시스템 표면에 병인세포에서 발현되는 막단백질에 특이적으로 결합하는 리건드 분자를 심어놓음으로써 병인세포에 대한 타켓성을 높이는 것이 가능하다.

3) 캡슐이 혈관을 막지 않게 한다

DDS에 사용할 수 있는 채내 수송경로는 혈관이므로 캡슐이 혈관을 막는 일이 일어나서는 안 된다. 모세관의 굵기는 $8 \sim 10\mu m$이므로, 캡슐은 이보다 상당히 작을 필요가 있다. 적혈구는 제법 크지만, 모세혈관 내를 변형하여 통과하기 때문에 문제가 없다. 그리고 혈관 내의 혈액응집소는 이물 표면에서 응집반응을 개시하므로 캡슐을 이물로 보지 않게 할 연구도 필요하다. 이 문제는 다음 항의 안전성과 관련하여 DDS개발의 큰 관점으로 되어 있다.

19.2.2 안전성의 확보

바이러스나 파지(phage)의 외각을 DDS로 이용하는 계획이 많이 발표되고 있지만, 이 경우 외각단백질이 인체에 대해 이물질이기 때문에 면역반응을 일으키는 것을 고려할 필요가 있다. 또한 인공물질을 이용하는 DDS의 경우에는 시스템 전체의 안전성을 확보할 필요가 있다. 예를 들면, 고분자물질로 만든 캡슐은 인체의 배설 문제와 연관하여 고려해야 한다. 생분해성(生分解性) 재료가 바람직하지만, 분해 후 산물의 안전성도 중요한 점이다. 분해에 이르지 않더라도 신장에서 배설되는 데에 지장이 없는 크기나 화학적 성질이 요구된다.

19.2.3 세포 내 약물 배송

1) 약물을 세포 내 소기관 안으로 송달

인체 내에서 병인세포를 겨냥한 약물송달이 가능하게 되면, 다음에는 세포 내에서 표적 부위로 송달이 기획된다. 세포 안에는 핵, 미토콘드리아, 리보솜, 골지체 등의 구조체가 있고, 병인이 이들 구조체 내부에 있을 가능성이 있으면 약물을 세포내 소기관 내부까지 송달할 필요가 있다.

유전자치료를 생각하면 핵으로 DNA를 배송하는 것이 가장 기본일 것이다. 핵은 세포 내에서 핵막에 의해 세포질과 분리되어

있다. 대부분의 단백질은 세포질에서 만들어진 후 핵 내로 이행함
으로써 생활성을 갖는다.

이러한 단백질에는 핵막에 있는 핵막공이라는 통로를 지나가기
위한 패스포트가 되는 아미노산 배열이 달려 있다. 그래서 세포
내에 도입된 DNA에 이 단백질의 이행 신호를 달아주는 아이디어
가 검토되고 있다(주5).

2) 미토콘드리아(Mitochondria) 유전자의 이상 질병

미토콘드리아 유전자의 이상에 의한 질병에서는 배송하는
DNA가 핵으로 가지 않고 미토콘드리아로 정확하게 배달될 필요
가 있다.

미토콘드리아 유전자에 원인이 있는 질병군은 미토콘드리아병
이라 부르는데, 신경근 조직에 증상이 나타나는 미토콘드리아 뇌
근증(腦筋症)이 아주 위중하다. 앞으로 세포 내의 생화학적 변화를
측정하는 미소센서나, 측정결과를 세포 밖으로 송신하는 통신유닛
을 도입할 필요가 있다. 이것은 세포 내 정보전달계의 연구라고
하는 의약연구의 기초로서, 그리고 세포 내에서 발현하는 병인성
이상단백질을 모니터하여 병의 발생을 알리는 지능형 DDS의 개
발에도 없어서는 안 될 기술적 과제이다.

19.3 첨단기술의 추진력을 가진 기술 개발

19.3.1 염색체 가공

1) 줄기세포를 이용한 장기재생의료에 응용

드러그 딜리버리와는 조금 다르지만, 줄기세포(배간세포)를
이용한 장기 재생의료가 현실화 될 때에는 배양 당초의 소수 혹
은 1개 세포의 염색체에 인공적인 조작을 가함으로써, 재생되는

장기의 유전 특성을 변환시키는 것은 중요한 기술이 될 것이다. 정제한 DNA를 잡아 늘려서 가공하는 기술에 비하면 염색체 자체의 가공에 관한 연구는 아직 많지 않다. 우선 원자간력현미경을 이용하여 염색체를 절단하는 기술이 이루어져 탐침에 부착하는 DNA를 PCR법으로 증폭하여 염기배열을 결정하는 시도가 있었지만, 좋은 결과는 얻지 못하고 있다.

2) 원자간력현미경으로 영상화, DNA 채취

Xu 등은 산(酸)으로 처리한 염색체를 pH=10 정도의 물속에 놓고, 아미노실란(aminosilane)화한 탐침을 이용하여 원자간력현미경으로 영상화했다. 이 pH에서는 아미노기가 하전(荷電)을 갖지 않으므로 부(-)전하를 갖는 DNA와 상호작용이 적어, 영상화에 대한 문제는 작다. 다음으로 용액 pH를 7로 바꾸고, 먼저 영상화한 염색체의 일정한 표적 부분에 탐침을 가지고 간 후, 염색체에 강하게 밀어넣는다.

억지로 밀어넣음(押入)과 잡아빼기(引出)를 할 때 캔틸레버의 굽힘 정도를 힘곡선(force curve)으로서 파악하면 염색체상에서 DNA의 밀어넣음과 끌어냄을 확인할 수 있다. DNA 인출이 수μm에 이르면 캔틸레버를 떼어내고, PCR법에 의한 DNA 증폭을 위해 청정완충액(淸淨緩衝液) 속에 유지해둔다.

이 방법으로 수십개의 캔틸레버를 모은 후, 개별적으로 PCR법을 시행하여 DNA를 증폭한다. DNA가 탐침에 부착하여 늘어나지 않는 경우, 최종적으로 DNA가 탐침에 결합한 염색체에서 떨어져서 나오거나, 염색체로 되돌아가는 것을 아직은 제어하지 못하는데, 사용이 끝난 탐침에서 DNA를 증폭할 수 있는 확률은 그렇게 높지 않다.

그러나 단일 DNA분자로부터 PCR법이 가능한 상황이 되면 증폭된 DNA가 염색체상의 의도한 부분으로부터 채취된 것인지 어떤지를 FISH법으로 확인하는 것이 가능하다. 이 확인 후에 염기배열을 결정함으로써, 염색체 위 약 $200nm^2$ 정도의 구역에서 DNA를 채취하면 그 종류를 알 수 있다(주6).

19.3.2 세포조작과 가공

1) 세포에 대한 조작기술은 미개발

세포에 대한 나노기술적 가공조작 기술은 아직 그렇게 발전하지 않았다. 종래의 방법 즉 마이크매니퓰레이터(micro-manipulator)를 사용하여 끝을 1μm내지 0.1μm까지 가늘게 한 유리관을 써서 개개의 세포에 적당한 기능분자를 주입하는 것이 가능한데, 아직 그 이상의 정밀도를 요구하는 일이 없었다. 그러나 나노미터 정밀도의 세포가공은 이제부터의 과제일 것이다. 세포를 사람이 콘트롤할 수 있는 대상으로 공학적으로 다루려고 하는 생각은 이제 싹이 트고, 세포센서의 형태도 제안되고 있다.

2) 포스트 지놈 생물학의 과제

종래 세포 내의 물리적 상황에 관한 지식은 한정된 것으로 세포 내에 소기관이라는 미토콘드리아, 골지체, 리보솜 등의 기능구조체가 존재하는 것을 알고 있을 정도였다. 유전자가 갖는 염기배열에 의해 개개 단백질의 발현 양이나 발현 시기가 조정되는 결과, 세포는 조화된 생존을 지속할 수 있으며 대체로 결정된 주기에 따라 DNA를 재생산하여 세포분열이라는 방법으로 증가해 간다. 이것을 세포주기라고 한다. 세포주기의 어느 주기에 어떤 단백질이 어느 정도 생산되는지를 조사하는 것이 포스트 지놈 생물학에 있어서 큰 과제로 되고 있다. 이것을 조사하는 이유는,

① 기능을 모르는 단백질에 관하여 그 기능을 알아낸다.

② 세포기능으로 나타나는 표현형을 분자 레벨에서 특정 단백질 발현 양과 상관시킴으로써, 질병제어의 키 포인트가 되는 생화학 과정을 알 수가 있다.

이 목적으로 DNA칩이라 부르는 기술이 개발되어, 급속히 그 판로를 넓히고 있는 것은 주지의 사실이다. 다음에 DNA 칩의 원리를 간단하게 설명한다.

3) DNA칩이란?

어느 생물이나 혹은 특정 기관(예를 들면 간장세포)의 전체 지놈(유전자)에 대응하는 cDNA 단편을 포함하는 용액을 유리 또는 플라스틱 기판상에 정확한 2차원 배열상으로 놓는다. 각 점의 DNA용액은 각각 다른 cDNA 조성을 가지고 있다.

우선 시료세포를 처리하여 얻은 메신져RNA (messenger RNA · mRNA)를 써서 RT(reverse transcriptase)-PCR법이라 부르는 방법으로 RNA에서 DNA를 만들고, 이 DNA에 형광라벨을 붙인다. 형광라벨한 DNA용액을 먼저 준비한 DNA칩의 각 사이드에 놓음으로써, 양자의 DNA 사이에 상보적 배열이 있을 경우에만, 형광라벨을 한 DNA가 칩상의 DNA와 하이브리드 2중사슬을 만든다.

일정 시간 후, 칩 위 각 사이드를 잘 씻고, 하이브리드를 형성하지 않은 DNA를 씻어낸다. 최종적으로 하이브리드를 만든 DNA 사이드를 형광분광 광도계로 확인함으로써, 시료로서 쓴 RT-PCR 법에 의한 DNA가 어떤 유전자에 대응하고 있었는지 알 수 있다(주7).

4) 단일세포 천자(穿刺)에 의한 mRNA 채취

이상의 방법에서 세포 주기에 맞추어 배양한 세포를 어느 시점에서 죽여 그 세포질을 들어낼 필요가 있다. 이 결점을 없애고 보다 나노기술적으로 개량한 방법이 단일세포천자에 의한 mRNA 채취이다. 이 방법에서는 원자간력현미경을 이용하는데, 그 탐침으로 비교적 길고 가느다란, 예를 들면 선단곡율반경이 0.1μm 정도인 ZnO의 수염결정을 이용한다. 이 결정을 세포 내에 찔러 넣었다가 빼면 침 끝에 세포 내 물질이 부착한다. 이 속에 mRNA가 있으므로 이 바늘을 시료로 하여 RT-PCR법을 실행하면 세포를 죽이지 않고, 그 시점의 mRNA 발현 양을 알 수 있다. mRNA의 채취 효율을 높이기 위해서는 바늘 끝에 폴리T라는 물질을 공유결합성 가교제(架橋制)로 사용하여 고정해 둔다. mRNA 에는 폴리A라는 구조가 있어 이것이 폴리 dT와 강하게 결합한다(주8).

19.4 현상황의 문제점과 장래 전망

19.4.1 현상황의 문제점
현재의 상황에서 아직 도달되지 못한 커다란 문제는
   1) 병인세포(病因細胞)에 한정된 약물 주입
   2) 엄밀한 표적 특성의 획득
   3) 이물질의 배제
등을 들 수 있다. 특히 현재의 드러그 델리버리 시스템(DDS)은 약물을 내포한 캡슐을 세포에 융합시키는 것을 기본으로 하는 것이 많은데, 장래 문제로서는 세포에 부착한 후 합체하지 않고 약물만 주입하는 시스템의 개발이 기대된다.

19.4.2 미래의 기대와 가능성
   가까운 병인세포에 정확하게 약물 송달이 되게 하는 방법을 기

대하고 있다. 이것이 가능하게 되면 환자의 고통과 약물의 낭비를
모두 감소시킬 수 있을 것이다.

19.4.3 장기적 장래 전망

이상 보아온 DDS에 관한 장기적 전망으로는, 어떻게 이상적으
로 약물을 배달하여 부작용 없이 병인세포를 근절하고, 사용이 끝
난 DDS를 밖으로 배출하느냐 하는 문제의 해결에 있다. 지놈 창
약(創藥)이라는 새로운 신약개발 사상은 환자 개개인의 체질과 증
상에 맞는 약물투여와 치료를 목적으로 하고 있다. 이와 같은 생
각에 맞는 형태의 DD를 실현하려면 DD 쪽에서도 개개인의 체질
과 병세 등을 고려한 방법을 강구하지 않으면 안 된다.

머지 않아 표적으로 하는 병인세포에 도달할 뿐만 아니라, 현장
에서 생화학적 지표로 병상(病床)을 모니터하여 체외에 있는 의료
기술자에게 시시각각 병소정보를 보내는 기능을 준비하고 의료기
술자의 판단에 따라 병소상황에 정확하게 맞는 약물 주입을 할
수 있는 시스템이 개발될 것으로 생각한다. 이와 같은 시스템은
단백질 질병환자를 위해서만 아니라, 훗날 장기적인 우주탐사를
할 때 인체 건강관리에 큰 위력을 발휘할 것으로 기대된다.

〈참고문헌〉

(주1) Kataoka, Ketal., J, Controlled Release 64 : 143~153 (2000)

(주2) 片岡一則 高分子 46 : 843~848 (1997)

(주3) 岡野先夫 「インテリジェント材料」 インテリジェント材料 9 : 3~5
     (2002)

(주4) 鄭主恩, 岡野先夫 「DDSの 基礎知識 4卷, 素材と技能設計」(医藥 ジ
     ヤ-ナル社) 48~59 (2000)

(주5) Nakanishi, M et al., Eur. J. Pharmaceutical Sciences, 13 : 17

～ 24 (2001)

(주6) Xu, X-M and IKai, A., Biochem. Biophys. Res. Commun. 248 :
744～748 (1998)

(주7) 中村祐輔著 「先端ゲノム医學を知る-SND解析・マイクロアレ-によ
る創薬とオ-ダ-メイド醫療」羊土社) (2000)

(주8) 猪飼篤他 특허출원중

(猪飼 篤)

제20장
나노구조 제어촉매

1) 나노입자와 세선(細線) 2) 입경(粒徑) 제어
3) 광 에칭(Optical Etching) 4) 나노 다공체(多孔體)
5) 계면촉매(界面觸媒) 6) 2차원 부제(不齊)

포인트는 무엇인가?

촉매반응은 반응활성점(反應活性点)이라는 분자 크기(옹스트롬 영역)의 반응 사이드에서 원료물질이 화학변환되는 것이며, 나노미터보다 작은 영역의 구조가 반응 속도나 선택성을 지배한다고 생각되어 왔다. 그러나 원료 분자의 식별이나 반응의 선택성 향상을 목표로 하여 분자보다 한층 큰 나노미터 크기의 구조를 제어하는 촉매가 연구되고 있다.

20.1 촉매의 나노구조 제어

20.1.1 금속 나노입자와 금속 나노세선

1) 새로운 촉매재료 - 나노입자, 나노세선

촉매반응에 널리 쓰이는 담지금속촉매(担持金屬觸媒) (촉매작용을 나타내는 금속 씨드(seed)를 비표면적이 큰 실리카 등의 담체(carrier)에 담지시킨 것)에서는 백금이나 로듐(Rh) 등의 고가 귀금속의 사용량을 가능한한 감소하고, 또한 충분한 표면적을 확보하기 위해 금속을 미립자화할 필요가 있어 여러 가지 기술이 개발되어 왔다.

그러나 이들은 기본적으로 금속염 등의 원료물질이 환원되어 금속이 석출될 때 응집과 대입자화를 방지하는 것이 주체이고, 생기는 금속미립자의 크기를 직접적으로 제어하는 것은 아니다.

최근 활발히 개발되고 있는 나노미터 크기의 공공구조(空孔構造)를 갖는 메조다공체 재료의 공공(空孔)을 이용하여, 내부에서 금속의 미립자를 형성시킴으로써, 크기를 제어한 금속 나노입자나 나노세선을 조제하려는 연구가 추진되고 있다. 이 경우, 같은 다공체 재료를 사용하여 환원조건에 따라 입자나 세선을 만들거나, 다공체 내에서 조제된 나노입자나 나노세선을 집어내는 것도 가

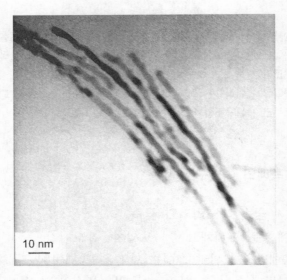

10 nm

그림 40. 메조다공체(HMM-1) 중에서 조제한 후 4급
암모니움염([N(C$_{18}$H$_{37}$)Me$_3$]Cl)으로 안정시켜 빼낸 백금 나노세선의
전자현미경 사진[주1]

능하여, 이제까지 없었던 새로운 촉매로 기대되고 있다 (그림 40).

2) 나노구조체끼리 반응하지 않게 하는 연구가 중요

이들 나노미터 크기의 재료는, 내부(벌크)의 원자 수에 대한 표면 원자 수의 비가 크기 때문에 표면의 반응성이 높다. 이것을 촉매작용에 연결시키는 것이 기대되는 반면, 입자 혹은 세선끼리 반응이 일어나 성장할 가능성도 크다. 따라서, 나노구조를 가지고 그 구조특성을 유지하기 위해서는 표면을 화학적으로 처리하여 나노구조체끼리 반응을 방지하는 연구가 중요하다.

20.1.2 반도체 나노입자

1) 역미셀(micelle)법에 의한 입경(粒徑)제어

칼코지나이드(chalcogenide)라는 화합물 반도체를 액상에서 조제하는 연구가 상당히 진전되고 있다. 입자의 크기를 제어하는 대표적인 방법인 역미셀법에서는 2종류의 원료를 함유한 역미셀(계면활성제에 의해 안정화된 물방울이 유기용매 중에 떠 있는 상태)을 혼합하여 반도체 나노입자를 조제한다. 역미셀의 물방울 크기는 물과 계면활성제의 양비(量比)로 제어할 수 있으며, 그 치수를 변화시켜 2~5nm의 염화카드뮴 입자를 만들어낸 예도 있다.

2) 치수 선택적 광 에칭법

반도체 입자의 입경이 수 나노미터 정도로 되면 양자치수효과에 의해 밴드갭이 변화하고, 입경의 감소와 함께 광흡수단(光吸收端)이 단파장측으로 이동하는 것을, 많은 금속유화물이 산소 존재 하에서 광용해하는 현상과 조합하여 이용하는 치수선택적 광에칭법이 보고되어 있다 (그림 41).

입경분포를 가진 반도체의 콜로이드에 단색광을 조사함으로써, 임의의 입경을 가진 반도체 나노입자를 조제하는 것이 가능하다. 이들 반도체 나노입자는 광촉매나 광응답전극 등의 재료로 이용되며, 또한 다음에 설명하는 다공체를 조제할 때의 주형(鑄型)으로도 쓸 수 있다. 큰 입자경의 반도체와 달리 반도체 나노입자는 그 에너지 구조를 조절할 수 있으며, 구조를 규제하여 나노입자를 집적, 고정할 수 있는 것이 큰 특징이다.

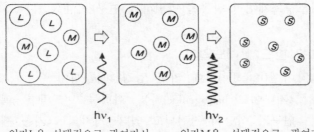

hv_1　　　　　hv_2

입자L을 선택적으로 광여기시켜, 광(hv_1)이 흡수되지 않는 작은 입자 치수(M)가 되까지 광용해 시킨다.　　입자M을 선택적으로 광여기시켜, 광(hv_2)이 흡수되지 않는 작은 입자 치수(S)가 되기까지 광용해 시킨다.

그림 41 치수선택적 광에칭법에 의한 단분산 반도체 콜로이드의 조제 모식도(주2)

20.1.3 나노다공체(Nanoporous body)

촉매재료로서, 옹스트롬 크기의 빈구멍(空孔)을 가진 제오라이트(zeolite)가 널리 이용되어 왔다. 이것들은 빈구멍에 의해 분자의 크기나 형상 (예를 들면 같은 탄소 수의 알칸(alkane)도 직쇄상(直鎖狀)이냐 지분상(肢分狀)이냐 등)을 구별할 수 있으며, 무공성의 재료에서는 얻을 수 없는 높은 반응 선택성을 얻을 수 있어 공업적으로 이용되고 있다.

최근 제오라이트보다 한층 큰 나노미터 치수의 공공을 갖고 있는 재료가 여러 가지 개발되고 있다. 많은 경우, 공공구조의 주형으로서 계면활성제 등이 형성하는 봉상(棒狀) 미셀(micelle)을 쓰고 있으며, 계면활성제의 분자구조를 제어함으로써 공공의 치수나 형상을 변화시킬 수 있다.

이와 같은 메조 다공체는 이 책의 다른 장에서도 소개하고 있다. 이것을 촉매로 이용하려는 시도도 상당히 하고 있다. 현재의 상태로는 나노미터 치수의 공공구조라는 특징을 살린 반응계는 적으나, 제오라이트의 경우 내부의 이온교환에 의해 활성점 구축만이 가능한 것에 대하여, 보다 큰 메조 다공체에서는 보다 크고 복잡한 활성점 구조를 내부에 균일하게 분산 배치할 수 있다. 또한 먼저 기술한 나노구조 재료의 주형으로서도 그 이용이 중요하다.

20.1.4 이방성(異方性) 나노입자 촉매

지금까지 사용해온 고체촉매나 그의 담체(担體)는, 거의 대부분이 구상(球狀) 혹은 그 집합체로서 등방적(等方的)인 것을 생각해 왔다. 최근 미립자의 한쪽면은 친수적(親水的)이고 다른 쪽면은 소수적(疎水的)인 입자를 조제하여, 상용성(相溶性)이 없는 물과 유기물의 혼합물에 첨가하면, 액-액계면(液-液界面)에 집합하여 무교반(無攪拌) 상태에서도 수중의 시약과 유기물이 효율 좋게 반응하는 것이 보고되었다 (그림 42).

20.1.5 표면 나노구조

촉매반응이나 전극반응에 있어서, 표면을 유기화합물 등으로 처리하여 반응의 선택성을 제어하는 방법은 오래전부터 시행되어 왔다.

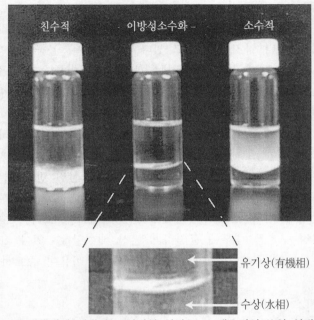

친수적　　　이방성소수화 –　　　소수적

유기상(有機相)

수상(水相)

그림 42. 액-액계면에 집합하는 이방성 입자(NaY 제오라이트)의 사진. 표면이
전부 친수성적 혹은 소수성적인 것은 각각 물(좌), 유기물상(우)으로
현탁되지만, 이방성소수화된 입자는 계면에 집합한다(중앙)(주3)

부제(不齊) 유기화합물로 수식(修飾)한 라니-닉켈(Raney- nickel) 촉
매에 의한 부제환원반응(不齊還元反應) 등이 그 일예이다. 이들의
수식에는 반응활성점에서 옹스트롬 크기의 구조가 선택성을 지배
한다고 생각되며, 기본적으로는 분자촉매를 표면에 고정하고 있는
것에 지나지 않는다.

　최근 금(金)의 단결정을 축부제화합물(軸不齊化合物)인 비나프토
티올(binaphthothiol) 용액에 침지(浸漬)시키면, 표면에 비나프토티올
이 배열 고정화되는 것이 보고되었다. 흥미 깊게도 배열 구조 그

자체가 고르지 않다는 2차원 부제구조(2次元不齊構造)가 형성되고 있는 것이 주사터널현미경 관찰로 확인되었다. 이것은 부제인 분자가 랜덤하게 고정된 종래의 수식 표면과는 완전히 다르고 나노미터 크기의 주기 구조가 가지런히 정돈되어 있지 못한 것으로 부제촉매반응이나 부제인식(不齊認識) 센서에 응용하는 방법을 생각할 수 있다.

20.2 나노구조 제어촉매의 장래 전망

이상 설명한 바와 같이 나노미터 크기의 구조를 제어하는 방법이 다수 개발되고 있으며, 촉매반응계의 응용을 향하여 검토가 거듭되고 있다. 현재까지 나노구조 제어촉매가 실용화된 예는 없지만, 종래의 촉매 프로세스를 근본적으로 바꿀 새로운 컨셉트도 조금씩 싹트고 있으며 크게 발전이 기대된다.

앞으로의 연구에서 특히 중요하다고 생각되는 것은 촉매반응에 적절한 나노구조의 설계에 더하여, 이와 같은 나노구조 제어촉매를 대량으로 효율 좋게 조제하는 기술이나 화학프로세스의 개발이 기다려진다. 재료 화학과 프로세스 화학의 연대가 중요하다고 생각된다.

<참고문헌>
(주1) 福岡淳, 外 觸媒, 43卷 8号, pp 609-614 (2001)
(주2) 鳥本司 外, 電氣化學および工業物理化學(Electro chemistry), 69卷 12号, pp. 866~871 (2001)
(주3) 池田茂, 外 觸媒 43卷 2号, pp. 143~145 (2001)

(大谷文章)

제21장
나노다공체(Nanoporous materials)

1) 나노(메조)다공체   2) 실리카 나노다공체
3) 탄소·나노다공체   4) 나노다공체의 3차원구조
5) 전자현미경을 이용한 구조해석   6) 저유전율 재료

최근 나노포러스 재료(이하 나노다공체라 한다)라고 부르는 다공체(多
孔體)가 새로운 기능성 물질로서, 또한 신기능성 물질을 낳을 열쇠가 될
것이 아닌지 주목을 끌고 있다. 나노다공체란 마이크로포러스(구경 20옹스
트롬 이하) 및 메조포러스(구경 20~500 옹스트롬 이상) 등 나노대의 미
소한 공간이 내부에 분포해 있는 다공체의 총칭이다. 때로 마크로포러스
(구경 500Å 이상)라고 하는 비교적 큰 공간(포러스)를 갖고 있는 다공체
도 포함된다.

이들 다공체의 물질적 혹은 화학적 성질은 그의 다양한 미세구조에 의
존하고 있다. 이들의 특이한 공간구조를 토대로 다공체의 구성원소가 새롭
게 보여주는 특성의 평가와 이해, 나아가 포러스를 이용하여 현재까지 없
었던 성질을 가진 물질의 설계와 작성이 전개되고 있다.

21.1 구조의 기본적 요소

이들 다공체에는 일반적으로 포러스(porous)라고 부르는 공극(空

隙) 혹은 세공(細空)이라고 하는 공동(空洞)(이하 공극이라 부름)이 다량 분포하고 있어 다양한 물리적 작용이나 화학반응의 장(場)으로 되어 있다. 이와 같은 다량의 공극이 있다는 것은 동시에 커다란 표면적을 가지고 있는 것을 의미한다. 공극의 크기와 그 분포, 배열의 규칙성, 이웃하고 있는 공극을 잇는 구경의 크기나 연결양식 등이 다공체의 성질을 좌우하는 중요한 구조요소이다.

21.2 여러 가지 나노 다공물질

무기 나노다공체로는 공극이 불규칙하게 배열된 다공질 유리, 실리카겔, 활성탄과 공극이 규칙적으로 배열된 제올라이트 등이 잘 알려진 물질군이다. 최근에는 유기분자가 네트워크를 만들어 결정 내부에 공극을 주기적으로 형성한 유기제올라이트라고 부르는 물질군도 등장하고 있다. 이들에 더하여 결정 속에 일정한 크기의 공극이 마치 거대원자와 같이 주기적으로 배열된 실리카 메조다공체가 합성되어, 신물질의 제조를 비롯한 새로운 연구가 시작되었다(주1).

제올라이트나 활성탄 등에 관한 해설서는 이미 많이 나와 있으므로 여기서는 최근 급속히 연구가 진행되어 주목을 끌고 있는 실리카·메조다공체와, 그것을 주형으로 하여 합성한 신기스러운 탄소다공체를 예로 들어 이 나노다공체의 재미있는 내용을 설명한다(주2).

21.3 실리카 메조다공체와 그것을 주형으로 합성한
탄소다공체

　친수성기와 소수성기 부위를 한분자 내에 함께 가지고 있는 양성친매성물질(계면활성제)은 수중에서 그 농도에 따라 다른 자기조직을 형성하는 것이 알려져 있다 (그림 43). 이들의 자기조직구조로는 그림 43의 우측에서부터 계면활성제 농도가 엷은 순으로 소수성기를 내측에 집합한 구형 미셀, 봉상미셀이 집합하여 6회 대칭으로 배열한 6방형, 라멜라(lamellar, 층상형) 등이 알려져 있다.

　1992년에 Mobil의 연구자는 물과 계면활성제의 경계면에 실리카 네트워크를 형성시킨 후에 계면활성제를 제거하여 실리카관을 벌집 모양으로 엮은 MCM-41 메조다공체의 합성에 성공했다 (그림 44)(주1). 실리카 메조다공체는 구경을 16～100Å으로 조정 가능하기 때문에 큰 분자가 관계하는 촉매나 흡착제로 주목받고 있다.

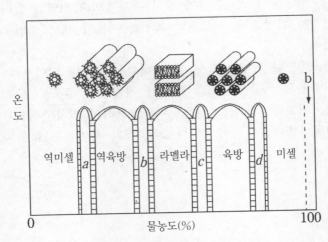

그림 43. 물-계면활성제의 상도(相圖)와 자기조직 구조

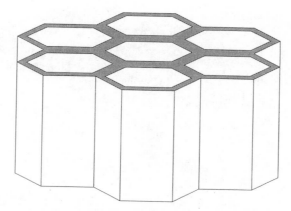

그림 44. 실리카 메조다공체 MCM-41의 구조
이용하는 계면활성제의 선택에 따라 16~100Å의 메조채널이 벌집형 비결정질
실리카벽으로 칸막이 된다.

한편 이 MCM-41의 체널을 이용하여 금속 나노와이어를 만들고 있다. 그림 45에 단결정인 백금 1차원 나노와이어(직경 약 3nm)의 전자현미경 상을 나타냈다. 계면활성제 소수성기의 사슬 길이나 친수기의 치수를 변화기키면, 물-계면활성제의 상경계면 곡율 등의 기하학적 형상을 자유로 변화시킬 수 있어 실리카를 포함한 각종 메조다공체에 대한 전개가 기대된다. 실제로 그림 43에 표시된 구조에 더하여, 복잡한 3차원 구조를 가지는 실리카 메조다공체도 합성되는 것이 X선분말 회절실험으로 알게 되었다. 그러나 이들의 구조를 결정하는 적당한 방법이 현재까지 없어 구조해석은 과제로 남아있다. 그래서 최근 우리는 복수의 결정축에 따라 촬영한 전자현미경상을 해석하여 구조를 결정하는 방법으로 일련의 나노다공체 구조를 구하였다(주3).

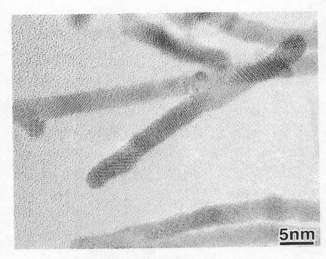

 안에는 "5nm" 표시가 포함되어 있음

그림 45. 백금단결정 나노와이어의 전자현미경 사진

21.4 실리카 메조다공체의 구조

예를 들어 MCM-48이라는 실리카·메조다공체의 구조는, 그림
46(a)에 나타낸 극소곡면 (철사틀을 비누물에 적셔 끌어올린 후
틀 내에 형성된 비누물막과 비슷한 곡면)의 하나인 Gyroid surface
를 따라 두께 약 10Å의 실리카 벽이 형성된 것을 보이고 있다.
이와 같이 한번 실리카·메조다공체의 3차원구조를 구체적으로
구하게 되면, 실리카·메조다공체의 공극 (그림 46(b))을 이용한
새로운 나노구조체의 설계와 합성이 가능하게 된다.

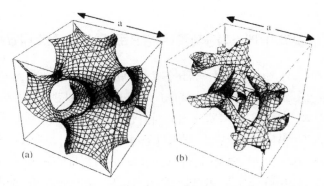

그림 46. 실리카 메조다공체 MCM-48의 구조(a), 결정 내부에 형성된 공극(b)

21.5 기대되는 저유전율재료(低誘電率材料)

차세대의 실리콘 초대규모집적회로(ULSI)에서는 더 한층 더 고속화와 고집적화를 해야 할 필요가 있다. ULSI를 고속화하는 것 말고도 칩 전체에 걸친 배선의 저항이나 기생용량(寄生容量)에 의한 신호전달 속도의 제한 문제를 극복하는 것이 더욱 중요하다고 말하고 있다. 그 때문에 고속으로 장거리 전반(傳搬)을 가능하게 하는 다층배선에 관한 새로운 기술, 특히 비유전율 2 이하의 저유전율 층간 절연막의 개발이 소망되고 있다. 이와 같은 상황하에서 비유전율 1의 공기(공극)를 다량 함유하면서도 기계적 강도(強度)가 충분한 실리카 메조다공체가 그 재료로 주목되고 있다(주4).

이것은 그림 44와 같은 구조를 갖고 있고 체널이 막에 평행한 실리카 메조다공체는 이미 만들어져 있으며, 구멍(孔)을 통한 막의 상하 전도체의 단락(短絡) 문제도 극복될 것이다(주5). 또한 각종 3차원 구조를 갖는 실리카·메조다공체가 계속 합성되고 있어, 앞으로의 전개에 큰 기대를 걸게 된다.

21.6 실리카 메조다공체를 주형으로 합성한 탄소다공체

실리카·메조다공체의 공극(空隙)에 탄소원(炭素源)이 되는 자당(canesugar), 퍼퍼릴 알코올(furfuryl alcohol), 아세틸렌(acetylene) 등을 도입한 후 가열하여 중합·탄화시키면, 실리카·메조다공체와 암수 관계(주형)를 갖고 탄소 나노다공체가 형성된다. 주형을 녹이면 실리카의 벽이었던 영역이 나노공(孔)으로 된 새로운 탄소 다공체를 만들게 된다. 최근 이러한 주형으로서 SBA-15라고 불리는 실리카·메조다공체가 주목되고 있다. 이 구조는 MCM-41과 닮았지만 그림 44처럼 실리카 벽이 비교적 두껍고, 그 벽에는 인접한 체널로 통하는 세공이 불규칙하게 열려 있다.

이 SBA-15 실리카·메조다공체를 주형으로 쓰면, 서로 연결되어 벌집모양으로 줄을 지은 나노치수의 탄소 파이프 집합체를 만들 수 있다 (그림 47(a)). 파이프의 굵기 a (50~100Å), 반복주기 폭

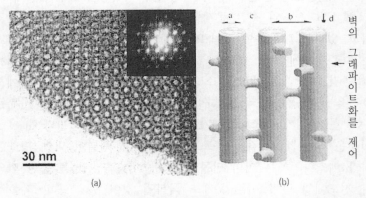

벽의 그래파이트화를 제어

그림 47. SBA를 주형으로 제작한 나란히 선 탄소 파이프의 집합체
전자현미경상과 전자해석 도형(a) 및 그의 모식도(b)

b (100~150Å), 파이프간의 거리 c (약 30Å), 파이프의 두께(임의) 등도 제어가 가능할 것이다(그림 47(b)). 또한 이 탄소 다공체에는 균일한 크기의 백금 클러스터(직경 20~30Å)를 균일하게 분포시킬 수 있으므로 전지의 전극이나 수소의 흡장(吸藏) 등에 그 응용이 기대되고 있다[주2].

21.7 맺음 - 새로운 나노다공체 합성 기대

여기서는 다루지 않았지만 실리카 외에 반도체적 혹은 금속적 메조다공체도 합성되고 있고, 또 '역 오팔(逆 opal)'이라 불리는 마크로 다공체에도 많은 화제가 쏟아지고 있어, 이제까지 생각해보지 못한 새로운 나노다공체의 합성이 크게 기대된다.

〈참고문헌〉

(주1) Ordered mesoporous molecular-sieves synthesized by a liquid-crystal template mechanism, C. T. Kresge, M. E. Leonowicz, W. J. Roth, J. C. Vartuli and J. S. Beck, Nature 359 (1992), 710.

(주2) Ordered Carbon Nanopipes with Tunable Diameter Exhibiting Extraordinary High Dispersion of Pt Nanoparticles, S. H. Joo, S. J. Choi, I. Oh, J. Kwak, Z. Liu, O. Terasaki and R. Ryoo, Nature 412 (2001), 169-172.

(주3) The structure of MCM-48 determined by electron crystallography A. Carlsson, M. Kaneda, Y. Sakamoto, O. Terasaki, R. Ryoo & H. Joo, J. Electron Microscopy. 48 (1999), 795-798. Direct Imageing of the Pores and Cages of three-dimensional Mesoporous Materials, Y. Sakamoto, M. Kaneda, O. Terasaki, D. Y. Zhao, J. M. Kim, G. Stucky, H. J.

Shin & R. Ryoo; Nature 408 (2000), 449-453.

(주4)　次世代LSI配線用低誘電率多孔質シリカ膜の開發，　村上裕彦　「セラミックス」36 (2001), 933-935.

(주5) Alignment of Mesostructured Silica on a Langmuir-Blodgett Film, H. Miysta and K. Kuroda, Adv. Mater., 11 (1999), 1448-1452.

(寺崎 治)

제22장
금속 나노조직 제어

키워드

1) 금속재료
3) 나노결정

2) 나노조직(nanostructure)
4) 아모르퍼스 합금(Amorphous alloy)

포인트는 무엇인가?

원자를 움직이는 것만이 나노기술은 아니다. 합금의 자기조직화를 잘 이용하면 금속재료에 나노조직을 도입할 수 있고; 이것을 쓰면 종래의 금속재료에서 얻을 수 없었던 극한적인 강도나 우수한 자기(磁氣) 특성을 끌어낼 수 있다. 나노조직제어는 금속재료에서 오래전부터 이용되지만, 근래 해석방법의 발전으로 새로운 나노조직 제어재료의 개발이 진행되고 있다.

22.1 미세조직

22.1.1 단상(單相)합금과 복상(複相)합금

금속재료의 역학적 특성이나 자기적 특성은 미세조직에 따라 크게 변한다. 실용적으로 쓰이고 있는 금속재료의 대부분은 2종류 이상의 원자를 함유한 합금이다. 원자가 완전히 혼합하여 고용체를 만들고 있는 것을 단상합금이라 한다.

단상합금의 일예는 구리와 아연을 완전히 혼합한 청동(靑銅)이다. 합금원소에는 모든 농도 범위에서 혼합되어 전율고용체(全率

固溶體)를 형성하는 것, 예를 들면 동니켈 합금 등이 있는데, 많은 원소는 어느 일정한 농도 이상 첨가되면 고용할 수 없게 되어, 다른 조성이나 구조를 갖는 제2상을 석출(析出)한다.

이와 같은 석출물을 미세하게 분산시키거나, 2개 이상의 다른 상(相)을 복합시키거나 하여 강도나 자기특성을 제어하는 금속재료가 있다. 이와 같은 금속재료는 오래전부터 2종류 이상의 상으로 구성되는 미세한 조직을 열처리하거나 가공함으로써 특성을 최적화해 왔다. 2상(相)의 조직으로 강도를 내고 있는 전형적인 합금은 듀랄류민(duralumin)으로 대표되는 알루미늄 합금이다.

예를 들면 알루미늄에 구리를 수 퍼센트 넣어 합금화하면, 500 ℃ 정도의 온도에서는 구리 알루미늄 중에 완전히 녹아들어가 단상(單相)의 고용체를 형성한다. 이것을 급속히 물속에 넣으면 구리원자는 알루미늄 속에 동결되어 단상의 알루미늄동 합금이 형성된다. 그러나 구리는 저온에서는 알루미늄 중에 거의 용해할 수 없으므로, 원자가 움직일 수 있을 정도의 온도로 유지하면, 다 녹을 수 없게 된 구리원자끼리 모여 클러스터를 형성한다 (그림 48a).

22.1.2 클러스터 형상은 원자의 크기에 따라 다르다

이와 같은 클러스터는 원자의 크기에 따라 다른 형상을 갖지만, 알루미늄 중의 구리는 원자 반경이 알루미늄보다 훨씬 작으므로, 클러스터를 형성했을 때의 스트레인(strain)을 완화하기 위해 특정의 결정면에 따른 단원자층(單原子層) 정도의 판상 클러스터를 이루어 석출된다 (그림 48b). 이 석출물의 크기는 10nm 정도로 미세하여, 이것이 균일하게 대단히 높은 밀도로 분산함으로써 알루미늄합금은 강화된다. 이와 같이 제2상이 모상(母相)으로 나타날 때 형성되는 나노조직을 제어하는 방법이 금속재료의 특성을 향상시키기 위해 널리 쓰이고 있다.

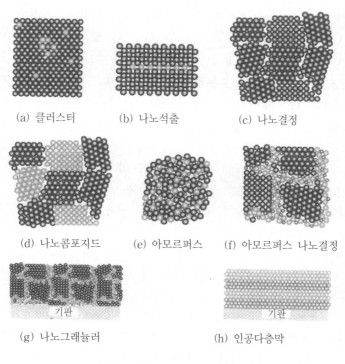

(a) 클러스터　　　(b) 나노석출　　　(c) 나노결정

(d) 나노콤포지드　　(e) 아모르퍼스　　(f) 아모르퍼스 나노결정

(g) 나노그래뉼러　　　　　　(h) 인공다층막

그림 48. 각종 금속의 나노조직

22.2 나노조직의 어제와 오늘

22.2.1 나노조직 제어는 예전에도 있었다

앞에서와 같이 금속재료는 미세조직에 따라 다채로운 특성을 나타낸다. 이 때문에 미세조직을 여러 가지로 제어하여 종래의 재료에서 실현되지 않았던 고특성을 얻으려는 연구가 최근 성행하게 되었다. 알루미늄 합금에서 볼 수 있듯이 나노조직은 종래의

금속재료에서 일상적으로 볼 수 있는 현상이기에, 이러한 관점에서 나노조직 제어는 새로운 방법이라고 말 할 수 없다.

22.2.2 고도의 나노조직 해석 방법

그러나 과거의 연구와 최근의 연구를 결정적으로 다른 차원으로 만드는 것은, 이제까지 보지 못한 나노조직이 근래 발달한 고도의 나노조직 해석 방법으로 원자레벨에서 볼 수 있게 된 것이다. 전자현미경은 오래전부터 금속재료의 미세조직 해석에 이용되어왔지만, 최근에 와서 전자현미경이 눈부시게 발전하고 특히 전계방사형(電界放射型) 전자총이 시판의 전자현미경에 채용된 후부터 수십 나노미터에서의 원소 분석을 하게 된 것은 특필 할만 하다. 더욱이 3차원 애톰프로브라 불리는 방법 http://www.nims.go.jp/apfim/ 에 의해 3차원 공간에서 합금원소의 분포를 원자 레벨의 분해능으로 관찰할 수 있게 된 것도 커다란 진전이다.

알루미늄 합금에서 열처리에 따라 합금의 강도가 변해가는 과정에 전자현미경으로 관찰할 수 없는 레벨의 원자 클러스터의 존재가 시효(時効) (열처리 시간과 함께 특성이 변화하는 것) 과정에 큰 영향을 미치는 것이 1960년대에 간접적인 방법으로 추측되었는데, 지금에 와서는 그러한 클러스터를 애톰 프로그램으로 실제 관찰할 수 있다. 추측으로 재료 조직을 제어하는 것과, 실험적인 뒷받침 하에서 재료조직 제어를 하는 것과는 커다란 차이가 있다.

22.2.3 인공적으로 나노조직을 만든다

종래에 써 왔던 나노조직은 합금으로부터의 석출 등 자발적인 조직화에 의해 얻어진 것이지만, 최근의 연구 경향은 종래의 프로세스에서는 쓰지 않던 대단히 급속한 응집, 응고 반응을 써서 극도로 비평형(非平衡)한 조직을 만들기도 하고, 종래의 방법으로는 생각할 수 없던 고스트레인 가공(high strained work)을 하는 등, 새로운 방법에 따라 인공적으로 나노조직을 만들려 하는 것이다. 이로써 종래 재료에서는 볼 수 없었던 나노조직이 실현되어, 새로운 재료 특성이 실현되고 있다. 이하에서는 그러한 예를 소개한다.

22.3 개스 중 응집법에 의한 나노결정금속

22.3.1 나노결정금속 연구의 선구자 Gleiter

나노결정금속 연구의 선구자로 알려진 Gleiter 등은 He 개스 중에서 금속을 증발시켰다가 응집시킨 나노입자를 액체질소로 냉각시킨 기판에 퇴적(堆積)하고, 그것을 긁어내어 취한 나노 미분말(微粉末)을 고화성형함으로써 나노 크기의 결정립으로 구성된 나노결정금속을 만들었다 (그림 48c). 금속재료는 응고시에 각종 방위를 가진 결정이 성장하게 되므로, 일반 금속재료는 여러 방위를 향한 다수의 결정으로 구성된 다결정(多結晶)이다.

22.3.2 개스 중의 응집법

가스 중 응집법으로 제작한 나노입자를 고화성형하여 만든 나노결정금속은 결정립의 크기가 5~25nm로 미세화되므로, 결정의 부피에 대한 결정간의 계면(결정립계) 비율이 종래의 금속과 비교가 되지 않을 만큼 높다. 이 때문에 종래의 금속재료와는 다른 물성이 기대되어 나노결정금속에 대한 연구가 흥미를 끌게 되었다. 그런데 개스 중 응집법으로는 산화되기 쉬운 금속으로 양질의 나노결정금속을 만들기가 곤란하다. 그 때문에 금과 은 등의 귀금속의 나노결정금속에 대한 기초물성의 연구가 이루어졌다. 나노결정으로 하면 결정립계의 구조가 개스상태로 된다는 뫼스바우어 (Moessbauer) 분광에 의한 결과 등도 발표되었지만, 고분해능 전자현미경에 의한 관찰로는 그와 같은 이상현상이 관찰되지 않았다.

22.3.3 Hall-Petch의 법칙

일반적으로 결정립의 크기가 작게 되면 금속재료의 강도는 결정립경의 1/2승에 반비례하여 상승되는 것이 Hall-Petch의 법칙으로 알려져 있다. 이와 같이 만든 나노결정을 이용하여 Hall-Petch 법칙이 어느 정도의 입경까지 성립되는가 하는 연구가 이루어져, 10nm 정도를 한계로 하여 그보다도 결정립경이 작게 되면 역으로 강도가 작게 된다는 새로운 현상도 발견되었다. 분자 동역학법에 의한 계산에서도 어느 임계 크기 이하의 결정립 크기에서는 강도가 감소하는 것이 예언되고 있다.

22.4 전기도금에 의한 나노결정금속

상술한 개스 중 응집법으로는 아무리 해도 실용적인 금속을 만들 수 없다. 이 방법으로는 기초연구의 테두리를 벗어날 수 없다는 것이 많은 사람들의 견해이다. 그런데 전기도금법을 이용하면 비교적 간편하게 나노결정금속을 만들 수 있다. 개스 중 응집법과는 달리 미분말을 굳힐 필요가 없기 때문에, 충진율(充塡率)이 높은 나노결정금속이 된다. 수 시간에서 1일 정도의 전착(電着)으로 2nm 정도의 판재를 만드는 것도 가능하며, 실용적인 크기로 확대시키는데도 기술적 장애는 비교적 적다.

전착법(電着法)으로 만든 나노결정 등은 일반적인 금속에 비해 현저히 낮게 가공경화(加工硬化)가 나타난다. 이 때문에 5,000% 정도까지 압연(壓延)할 수 있는 것이 발표되고 있다. 이것은 소성 변형(塑性變形)이 일반적인 전위운동(轉位運動)에 의한 것이 아니고 결정립계의 미끄러짐에 큰 원인이 있다고 설명하고 있다.

22.5 아모르퍼스 합금 결정화에 의한 나노결정금속

22.5.1 아모르퍼스 합금

액체금속을 결정의 핵생성이 일어나는 속도보다도 급속히 냉각시키면 액체상태가 동결된 고체 즉 아모르퍼스 합금이 얻어지는 일이 있다 (그림 48e). 모든 합금에서 이와 같은 상태가 실현되는 것은 아니지만, 액상이 비교적 저온까지 안정된 합금조직을 선택하면 아모르퍼스상이 얻어진다.

이와 같은 아모르퍼스 합금은 용탕(溶湯)을 급속히 회전하는 구리 회전체에 뿜어 붙임으로써 두께 20nm 정도의 연속 테이프로 얻을 수 있다. 또한 최근에는 비교적 얕은 냉각속도에서도 아모르퍼스 상태를 얻을 수 있는 합금이 발견되고, 이와 같은 합금은 일반 주조법으로 벌크 상태의 아모르퍼스 합금으로 할 수가 있다. 이와 같은 아모르퍼스상은 열에 대해 준안정된 상태이고, 온도를 올리면 보다 안정된 상태, 즉 결정으로 변태(變態)한다.

일정한 조건을 충족시키는 조성의 아모르퍼스 합금에서는 결정화 후에 나노결정 조직이 얻어진다 (그림 48f). 많은 경우, 나노결정은 잔존하는 아모르퍼스 모상(母相) 중에 분산되어 있다. 이와 같은 나노결정 조직은 아모르퍼스 중에 이미 대량의 불균일 핵생성 사이드가 존재하고 있거나, 나노결정의 균일 핵 생성속도가 현저하게 빠를 경우, 그리고 결정화 후에 결정립의 성장속도가 늦은 조건이 충족될 때 실현된다.

22.5.2 나노결정 연자성 재료 - 파인매트

나노결정화 자체는 오래 전부터 알려진 현상이지만, 이것이 주목되기 시작한 것은 Fe기(基) 아모르퍼스 합금에서 형성되는 나노결정합금이 대단히 우수한 연자기(軟磁氣) 특성을 나타낸다는 것을 히다찌(日立)금속의 요시자와(吉澤) 등이 보고한 후부터이다. 이 합금은 현재 '파인매트'라는 상표로 알려져 있는데, 실리콘을 함유한 철의 나노결정과 니오븀(niobium Nb)과 보론(boron B) 농도가 높은 잔존 아모르퍼스상의 2상으로 구성된 나노조직을 가지고 있다. 이 합금이 연자성을 나타내는 것은 나노결정이 랜덤한 방향을 향하고 있어서, 이들이 잔존 아모르퍼스상을 사이에 두고 자기적으로 결합하고 있기 때문에, 결정자기이방성(結晶磁氣異方性)이 평균화되어 0 (zero)이 되는 것이 원인이다.

종래의 자성재료에서는 결정자기이방성과 자왜계수(磁歪係數)가 영으로 되는 합금조성을 선택하고 있었기 때문에 합금원소에 완전히 자유도(自由度)가 없었던 탓으로 높은 자속밀도를 실현하지 못했다. 그런데 나노결정 연자성재료에서는 결정자기이방성을 나노조직 제어로 낮출 수 있기 때문에 합금조성에 자유도가 크게 되고, 이 때문에 높은 포화 자속밀도(飽和磁束密度)를 갖는 재료의 개발이 가능하게 되었다.

이 합금에서 어떤 미캐니즘으로 나노결정 조직이 형성되는지에 관하여 많은 관심이 쏠렸다. 3차원 애톰 프로브라는 방법으로 개개의 원자가 결정화 과정에 어떻게 분포되어 가는지 직접 관찰함으로써, 아모르퍼스상을 열처리한 초기의 동원자(銅原子)가 클러스터를 형성하고, 이것이 나노 결정철(結晶鐵)의 결정핵(核)으로 작용하는 것이 실험적으로 증명되었다.

22.5.3 나노캄퍼지드(Nanocomposites) 자석

아모르퍼스의 나노결정화를 이용한 또 하나의 자성재료에 나노
캄퍼지드 자석이라는 재료가 있다. 이것은 철과 네오디뮴
(Neodymium Nd), 보론(Boron B)으로 구성되는 높은 결정자기이방
성을 갖는 자석상과, $Nd_2Fe_{14}B$라고 하는 상(고성능 희토류자석의
네오막스와 동일한 자석상)과, 보자력(保磁力)은 낮지만 포화자속
밀도가 높은 철이나 철보론 화합물의 연자성상이 복상(複相)으로
구성된 나노캄퍼지드 조직 (그림 48d)으로서, 이 복상조직을 액체
급냉 중의 결정화 반응이나 아모르퍼스상의 결정화반응을 이용함
으로써 나노스케일로 미세화 할 수 있다.

그러면 자석상과 연자성상이 교환결합(交換結合)이라는 자기적
인 상호작용에 의해 결합하여, 2개의 강자성상은 마치 단상의 자
석인 것처럼 작동하기 시작한다. 자석의 성능은 자화곡선에서 측
정되는 자장과 잔류자속밀도를 곱한 값의 최대치 즉 최대에너지
적(積) $(BN)_{max}$로 평가되므로, 높은 잔류자속밀도를 연자성상에서,
높은 유지력을 자석상에서 얻음으로써, 고가의 희토류 조성을 비
교적 낮게 가지면서 실용적으로 충분한 자석 특성을 얻을 수 있
다.

22.5.4 나노결정 아모르퍼스 재료의 연구

자기특성뿐만 아니라 나노결정화된 아모르퍼스 합금 중에는 현
저하게 고강도화하는 합금도 있다. 일반 용해주조법으로 만드는
고강도 알루미늄합금의 강도는 500MPa (약 50 kg/mm^2) 정도이고,
리튬(Lithium, Li)을 포함하는 초고강도 알루미늄 합금의 최고 인장

강도는 800MPa (약 80kg/mm^2) 정도이다. 그런데 알루미늄, 희토류 원소, 천이금속원소(遷移金屬元素)로 구성되는 아모르퍼스 알루미늄합금에서 1000MPa (100kg/mm^2)을 넘는 강도가 보고되었고, 더 나가서 이 아모르퍼스상을 부분적으로 결정화하여 나노결정조직을 형성하면, 강도가 최고 1,500MPa (150kg/mm^2)까지 이르는 합금도 보고되었다. 알루미늄으로서 1,500MPa (150kg/mm^2)을 넘는 강도라는 것은 종래의 상식으로는 생각할 수 없는 것이다. 이와 같은 발견이 계기가 되어 나노결정 아모르퍼스 재료의 연구가 왕성해졌다.

또한 알루미늄, 철, 바나듐 등의 합금에서는 급냉하므로 해서 준결정(準結晶)이 미세하게 분산된 것 같은 조직이 되거나, 알루미늄 미(微)결정 중에서 아모르퍼스상이 나노스케일로 파묻힌 것 같은 조직이 되는 것도 있는데, 이들 나노조직재료도 1,000MPa (100kg/mm^2)을 넘는 초고강도를 나타내는 것이 발표되고 있다.

22.5.5 실용재료로서의 나노결정

자성재료의 경우 리본(ribbon) 상태로도 용도가 충분히 있지만, 강도를 이용하는 구조재료로는 벌크상 재료를 만들지 않으면 용도가 잘 개척되지 않는다. 이와 같은 이유로 액체급냉하여 아모르퍼스 미분말을 만들어 이것을 고화성형하여 나노결정조직을 갖는 벌크상 재료를 개발하는 시도도 하고 있지만, 구조재료로는 비용이 많으면 사용되지 않으므로, 이와 같은 고강도이지만 너무 고가인 재료는 가격을 불문하고 성능이 요구되는 운동용품 등, 특수한 용도 외에는 사용될 가능성이 적다.

이 절의 예에서 보는 바와 같이, 아모르퍼스상을 경유하면 각종 나노조직을 형성하게 되며, 이와 같은 루트를 이용하면 고특성의 자성재료나 특수한 용도에 쓰이는 고강도 재료의 개발이 가능하다.

22.6 강스트레인가공(强歪加工)에 의한 나노조직제어

22.6.1 100년 이상의 역사를 가진 피아노선

금속재료에 높은 스트레인으로 소성가공(塑性加工)을 하면 결정립이나 2상(相) 조직이 미세화된다. 2상 조직에 강스트레인 가공을 함으로써 조직을 나노스케일화하여 초고강도를 실현한 대표적인 예가 피아노선이다. 이 재료는 100년 이상 사용해온 공업재료이지만, 현재도 대량생산되고 있는 공업재료 중에서 가장 강한 재료이며, 연구실 레벨에서는 5GPa (500kg/mm^2)을 넘는 강도의 극미세선도 시험제작되고 있다.

피아노선은 탄소를 $0.8 \sim 1.0\%$ 정도 함유하는 고탄소강을 열처리하여 퍼얼라이트(Pearlite)라고 하는 순철(Fe)과 철의 탄화물(Fe$_3$C, Cementite, 금속간화합물)과의 층상조직(層狀組織)이 나노스케일로 미세화됨과 동시에, 탄화물도 가공 중에 나노스케일로 분쇄되어 그것이 부분적으로 분해하여, 탄소가 페라이트(Ferrite) 중에 고용함으로써 고강도화 한 것이다.

최근에는 구리에 니오븀, 크롬, 은 등 고용하지 않는 원소를 가하여 2상 조직을 만들어, 그것을 잡아 늘이는 방법으로 나노복합조직으로서 고강도와 전도성을 겸비한 도선으로 개발하고 있다.

22.6.2 러시아에서 개발된 EACP법 등

선인발(線引拔, wire drawing) 가공으로는 벌크상태의 재료를 만들 수 없으므로, 최근에는 벌크재료에 강스트레인(strain) 가공을 하는 각종 가공법이 연구되어, 금속조직을 나노 스케일까지 미세화하는 시도가 왕성하게 이루어지고 있다.

철강재료에서는 수퍼메탈이라는 내셔널 프로젝트로 결정립의 크기를 수십마이크론으로 미세화하는 프로젝트가 추진되어 그 목표가 거의 달성되고 있는데, 결정립의 치수를 다시 한 자리수 내려서 나노 결정립 재료를 만드는 시도도 하고 있다. 이를 위해서는 보통의 압연법으로 부가할 수 있는 스트레인으로는 충분하지 않아 실험실 레벨의 새로운 가공법이 필요하다.

러시아에서 개발된 equal angular channel pressing (EACP)법이라고 부르는 방법은 금형에 천공(穿孔)된 동일한 단면의 구부러진 도관 중에 환봉(또는 각재)를 밀어넣어 구부러진 곳에서 재료에 전단변형(剪斷變形)을 가하는 방법으로, 시료의 단면형상을 바꾸지 않고 몇 번이고 같은 가공을 되풀이할 수가 있다. 구부러진 각이 90°이면 1회 금형을 통과시킬 때마다 스트레인율 1의 전단가공을 가할 수 있고, 이것을 되풀이하면 되풀이 회수만큼 스트레인을 동일형상의 시료에 가할 수 있다. 이와 같은 방법이면, 벌크상의 시료에 강스트레인 가공을 가할 수 있어, 결정립의 크기를 나노레벨까지 미세화 할 수 있다.

이와 같은 나노크기의 결정립을 갖는 재료는 Hall Petch의 법칙에 따라 고강도를 나타내기도 하고, 초소성현상이 나타나기도 한다.

이 외에도 환봉 사이에 판상시료를 눌러끼우면서 회전을 가하는 토숀 스트레이닝(Torsion straining)법, 압연한 판재를 쌓아올려 몇 번이고 압연을 되풀이하는 어큐뮤레이티브 롤-본딩(Accumulative roll-bonding, ARB)법 등이 제안되고 있으며, 실험실 규모에서 나노결정재료가 제작되고 있다.

22.7 분말야금적(粉末冶金的) 방법

미캐니컬 얼로잉(mechanical alloying)이나 미캐니컬 그라인딩 (mechanical grinding)이라는 방법은 드럼형 용기에 금속 구(球)와 금속 분(粉)을 넣고 이 용기를 연속적으로 회전시킴으로써 금속 분에 되풀이하여 금속 구의 충격을 가하는 가공법이다. 2종류 이 상의 금속분을 혼합한 경우에는 미캐니컬 얼로잉, 1종류 금속의 경우는 미캐니컬 그라인딩이라는 분말제조법이다. 이 수법을 쓰 면, 평형상태에서 고용하지 않는 원소끼리도 합금을 만들기도 하 고, 나노스케일의 산화물을 분산시키기도 한다. 또한 합금원소의 조합에 따라 아모르퍼스 합금분말을 만드는 것도 가능하다. 그리 고 액체금속을 아르곤 개스제트로 분사하는 개스 애토마이즈(gas atomize)법을 이용하면 급냉응고분말을 만들 수 있다. 이 방법으로 만든 합금 미분말(微粉末)을 고화성형하여 나노결정조직을 가진 벌크상 합금도 만들고 있다.

22.8 박막 나노조직

Co-Al이나 Co-Si 등 산소와 친화력이 강한 원소를 포함하는 합금 을 산소 중에서 스퍼터(sputter)하거나 증착하거나 하면 Co 등의 강 자성 나노입자가 아모르퍼스 산화물 중에 분산되어 나노그래뉼러 (nanogranular) 조직 (그림 49g)을 형성할 수 있다. 이와 같은 조직 으로 산화물과 자성상(磁性相)의 체적분율(體積分率)을 잘 제어하면 고주파 특성이 우수한 높은 전기저항치를 가진 연자성재료를 비롯 해서 터널형의 자기저항(TMR)을 나타내는 초상자성막이나 자기기록매체에 적합한 고립된 강자성 입자 분산막을 만들 수 있기 때문에, 실용적으로 대단히 높은 관심을 모으고 있다.

일반적으로 스퍼터막은 나노스케일의 미세결정으로 구성되어 있으므로 표면에 경도가 높은 나노 결정질화물(結晶窒化物) 등을 코팅할 수 있어 공구 등에 이용된다. 또한 스퍼터법이나 분자선 에피택시(epitaxy)법을 써서 금속 다층막(그림 48f)을 만들어 자기 특성을 탐색하는 연구도 이루어지고 있다.

22.9 나노 조직 제어의 전망

금속재료에서는 구성상(構成相)의 결정구조 그 자체보다도 구성상이 공존하는 형태, 즉 미세조직이 특성을 지배하는 경우가 많다. 이와 같은 미세조직을 나노스케일화 함으로써, 종래의 금속재료에서는 얻을 수 없었던 우수한 역학적 특성(초고강도, 초소성)이나 자기특성(연자기 특성, 자석특성, 자기기록특성)을 얻는 경우가 있다. 이와 같은 나노조직제어를 활용함으로써 새로운 금속재료를 개발할 가능성이 있다.

<참고문헌>

L. L. Shaw, Processing Nanostructured Materials : An Overview, Journal of Metal, Dec. 2000, p.41

K. Hono, Atom prove microanalysis and nanoscale microstructures in metallic materials, Overview, No. 133, Acta mater. 47(11), 3127(1999).

(宝野和博)

제 3 부

세계 각국의 나노기술
- 과거 · 현재 · 미래-

- 21세기는 지구 규모로 나노과학기술이 개화한다 -

1990년 7월 미국의 벌티모어에서 개최된 제1회 국제 나노과학 기술 학회에서 나노재료과학이 탄생하고, 그후 세계적 나노 붐이 일었다. 그러나 그보다 앞서 1962년에 일본의 연구 그룹이 이룩한 업적이 나노 재료과학기술의 진전에 커다란 영향을 주고 있다.

최근 중국 청화(淸華)대학 물리계의 주철영(周鋱英) 교수 그룹이 인체의 혈관 내에 침입하여 병소의 수술, 약품 투여를 위한 의료용 극 미세 로봇용 모터를 개발했다고 한다. 그리고 의료공학분야, 약품분야 에서도 생물나노재료 연구가 진행되고 있다. 이제부터는 과학자에 필요 한 과학도덕이 확립되고, 자기 자신이 개발한 과학기술이 반자연, 반인 류적이 되지 않도록 해야할 것이다.

외국에서는 나노위성, 나노미사일, 나노항공기, 나노로봇 등 각종 나 노병기가 제6세대의 무기로서 미래전쟁터에 등장한다고 말하고 있다.

이 책에서는 그러한 종류의 나노기술은 일체 다루지 않고 있다. 과 학과 기술은 역시 인류의 평화적 공존에 도움이 되도록 활용해야 할 것이다.

제23장
중국 나노기술 연구개발의 현황

1) 크로스(cross) 과학기술(교차융합 과학기술)
2) 중국과학원의 역할
3) 지적창신(知的創新)계획   4) 나노재료
5) 나노 디바이스   6) 나노과학기술연구발전센터

포인트는 무엇인가?

　나노(納米)라는 용어를 가장 빨리 학술용어로 쓴 것은 일본으로 1974년의 일이다. 나노 과학기술은 생명과학기술, 정보과학기술과 나란히 21세기의 세계경제 성장의 원동력이 될 기술일 것이다. 20세기의 과학기술분야는 세분화되어 성장했지만, 21세기의 나노과학기술은 종합과학기술로서 가장 중요한 연구분야로 된다.

23.1 발전개황

23.1.1 나노과학기술은 21세기의 새로운 산업혁명의 원동력

　10여년 전부터 과학기술분야에서 특별한 발전을 보여주고 있는 나노과학기술은 광범위한 주목을 받으며 가장 활약이 큰 첨단과학기술로 되어 있다. 나노과학기술의 발전은 새로운 산업혁명을

가져와 21세기 경제성장의 원동력이 될 것이다.

23.1.2 중국의 과학기술자와 중국과학원은 나노분야 연구를 가장 중요한 테마로 취급한다

나노과학기술이 등장한 초기부터 중국의 과학자들은 이 분야에 눈을 돌리기 시작했다. 1990년부터 중국에서는 '나노과학기술의 발전과 대책', '나노재료학', '주사프로브현미경', '마이크로·나노 기술' 등에 관하여 개최한 전국적 회의 수가 10회를 넘었다. 중국 과학원은 북경에서 제7회 국제 주사터널현미경 회의(STM '93)와 제4회 국제 나노과학기술회의를 주최한 일이 있다. 이들 국내적 국제적 회의 개최는 국내외 대학과 연구기관간의 학술교류와 협력에 촉진 역할을 적극적으로 했다.

중국의 관계 과학기술 관리부문은 나노과학기술의 중요성을 인식하고 상당한 지원을 해왔다. 중국과학원과 중국국가자연과학기금 위원회는 1980년대 중반부터 주사프로브현미경(SPM)의 제작과 나노미터 스케일의 학술 연구에 지지를 보냈다(1987~1995). 국가 과학기술위원회(SSTC 현재의 과학기술부 전신)는 1990년에서 1999년까지 '반등계획(攀登計劃)'을 통하여 10년간 나노과학기술에 관한 프로젝트를 원해 왔다. 1999년, 과학기술부는 국가중점기초 연구 발전프로젝트(973계획) 중에서 '나노재료와 나노구조'를 통하여 탄소나노튜브 등 나노재료에 대한 기초연구를 지원했다. 또한 국가 '863 하이텍 계획'에도 나노재료에 관한 응용연구 테마가 포함되어 있다.

23.1.3 중국의 나노과학자는 약 3,000명
연구체제로서 집중성이 부족

불완전한 통계이지만, 중국 내에는 지금 약 50개의 대학과 중
국과학원 소속 연구기구 20개소가 나노과학기술 분야에 대한 연
구활동을 하고 있다. 그리고 나노과학기술과 관계를 가진 기업도
100사에 이르렀다. 국가연구기구와 대학에서 나노과학기술 연구에
종사하는 과학자 수는 약 3,000명이다. 그러나 전체적으로 보면,
나노과학기술에 관한 연구 개발활동이 광범한 분야에 걸쳐 거점
이 많지만, 너무나 분산이 심하여 집중의 우위성을 나타내지 못하
고 있는 것이 현재상태이다. 중국과학원, 청화(淸華)대학, 북경(北
京)대학, 복단(復旦)대학, 남경(南京)대학, 화동(華東)이공대학 등에
는 나노과학기술 관련 연구개발센터가 설치되어 있다. 나노과학기
술은 국가 정책적인 과학기술 분야이며 공동연구 면에서 중국과
학원, 북경대학, 청화대학과 복단(復旦)대학 등이 상대적으로 우위
에 있다.

23.1.4 중구과학원이 나노연구을 리드

중국과학원은 중국 내에서 나노과학기술 분야의 가장 중요한
연구거점으로서 전국의 연구개발를 리드하고 있다. 1980년대 후반
부터 일련의 중요한 과학기술연구 개발계획을 출발시키고 물리연
구소, 화학연구소, 심양(沈陽) 금속연구소, 상해(上海)규산염 연구
소, 합비(合肥)고체 물리연구소 및 중국과학기술대학 등을 결속시
켜 적극적으로 지원해왔다. 지원받은 분야로서는 레이저 제어에
의한 단원자조작과 결합선택화학, 분자전자구조학과 분자재료, 자
기저항재료물성학, 나노반도체 광촉매와 광전기화학, 재료의 표면
·계면 및 대분자의 주사터널현미경, 탄소나노튜브와 기타의 나노

재료에 관한 연구, 인공 초 원자시스템 구조와 물성에 관한 연구들이 있다.

23.1.5 나노과학 기술의 중점 프로젝트와 과학원의 역할

2000년에 중국과학원은 11개의 연구기구를 참가시킨 '나노 과학과 기술'이라 명명한 중점 프로젝트를 추진하기 시작하고 2,500만원(元)의 자금을 투입했다. 이 프로젝트의 주요 과제는 새로운 합성법의 발견과 기술개발, 신기능 나노재료와 나노디바이스의 개발 등이었다.

중국과학원은 이 프로젝트에 대한 지원으로 나노분체 중의 미립자의 집합과 표면 수식, 나노재료와 나노복합재료의 안전성, 나노스케일의 물리·화학·생물학적 성질의 탐색과 특이성의 기원 및 나노미세가공기술 등에서 중요한 진전을 기도하고 있다.

중국과학원은 2002년 소속 19개 연구소가 참여한 나노과학기술센터를 설립하고, 나노과학기술 사이트를 개설했으며, 화학연구소 내에 나노과학기술 연구동을 세웠다. 나노과학기술센터는 국가와 과학원이 추진하는 계획을 달성하고, 각 지역에 분산되어 있는 여러 연구기관의 연구자를 연결시키는 역할을 한다.

그리고 나노과학기술 사이트와 나노과학기술센터를 이용한 관련정보와 소프트기술 및 설비와 기기 등을 공동 사용토록 했으며, 연구개발, 산업, 인재, 설비 등의 면에서 연구개발중추(Center of Excellence)를 형성하고 있다. 나아가 이종분야 간의 교류와 융합을 강화시키고, 지적소유권의 산업화를 촉진시켜, 하이레벨의 복합형 인재를 양성하면서 설비와 기기의 유효한 이용을 도모하고 있다.

23.1.6 중국의 나노과학기술 논문 수는 국제 수준

중국 과학원은 나노과학기술 연구개발 분야에서 외국과 동시에 스타드하고 몇 가지 측면에서는 나름대로 우위를 차지하고 있다고 말할 수 있다. 최근 미국의 「SCI」잡지에 발표된 학술논문 수로 보면, 중국의 나노과학기술 관련 논문 수는 세계의 정상급에 도달해 있다. 예를 들면 탄소나노튜브에 관한 논문의 수는 미국과 일본 다음이다. 지난 10년간 중국정부는 연구개발 계획을 통해 나노과학기술에 투입한 자금 총액이 700만 달러에 이른다.

사회민간자본도 나노과학재료 산업에 투입되었다. 그러나 선진제국에 비하면, 중국의 나노연구자금 투입은 아직 적다. 여러 가지 조건의 제약으로 중국의 나노과학기술 연구개발은 값비싼 하드웨어를 요구하지 않는 분야에만 집중할 수 있었다. 나노과학기술에 관한 기초연구는 상대적으로 약하지만, 전체적으로 보면 특히 나노 디바이스와 그 산업화에 관한 연구개발은 선진국과 큰 차이가 없다고 말할 수 있다.

23.2 중국 나노과학기술 연구개발의 성과

최근 몇 년 사이에 중국의 나노과학기술연구개발은 중요한 진전을 이룩하여 몇 가지 측면에서 어느 정도 우위에 올라 있다.

23.2.1 나노재료

1) 중국은 탄소나노 튜브 등의 나노재료를 중시한다

중국은 나노재료 연구를 대단히 중요시하여 수많은 성과를 올리고 있다. 특히 탄소나노튜브를 대표로 한 준1차원 구조 나노재료와 매트릭스에서 좋은 성과를 내고 있으며, 또한 비수(非水)열합성법에 의한 나노재료 제조에서도 획기적인 진전을 이룩했다. 나노금속합금과 나노세라믹스재료의 제조와 그의 역학성능에 대한 연구, 메조포러스 집합체, 나노복합기능재료, 2차원 시너지 나노 계면재료의 설계와 연구개발 등에서도 중요한 진전을 보이고 있다.

2) 과학원물리연구소의 업적

탄소나노튜브 제조에 있어, 중국과학원 물리연구소 그룹은 1996년, 단층 탄소나노튜브의 직경과 배향제어에 의한 기판 성장법을 세계에서 처음으로 개발하고, 1998년에는 세계에서 가장 긴 탄소나노튜브를 합성시켜 '3nm의 세계 제일'을 기록했다. 이 초장도(超長度) 탄소나노튜브는 그 이전에 개발된 것보다 10배 내지 100배의 길이를 갖고 있다. 이 그룹은 탄소나노튜브의 역학과 열공학 특성, 발광성, 전도성 등에 관하여 중요한 연구성과를 얻고, 세계에서 가장 가느다란 탄소나노튜브도 2000년 경에 개발했다.

3) 홍콩과학기술대학의 업적

이 연구 그룹은 처음에 직경 0.5nm 탄소나노튜브의 합성에 성공했다. 그에 이어 홍콩과학기술대학 물리학부도 제올라이트를 기판으로 하여 가장 가느다란 단층 나노튜브(직경 0.4nm) 매트릭스를 개발했다. 그 성과는 일본의 연구 그룹과 동시에 발표되었다. 얼마 후 중국과학원 물리연구소와 북경대학에서 겸직하고 있는 팽연모(彭練矛)씨는 전자현미경을 이용하여 단층 탄소나노튜브를 연구하던 중에 전자빔으로 직경 0.33nm의 탄소나노튜브를 생성시켰다.

4) 청화(淸華)대학의 업적

청화대학은 탄소나노튜브를 기판으로 직경 3~40nm, 길이 마이크로미터급의 청색발광을 하는 질화갈륨 1차원 나노미터봉의 개발에 성공하여, 세계에서 처음으로 질화갈륨을 이용한 1차원 나노결정을 만들어냈다. 그와 동시에 이 대학은 탄소나노튜브 제한 반응이라는 개념을 제창했다. 중국과학원 고체물리연구소는 나노 전자디바이스 간의 접속에 응용할 수 있는 나노케이블의 개발에 성공했다.

5) 과학원 금속재료연구소의 업적

중국과학원 금속재료연구소는 플라스마아아크(plasma arc) 증발법에 의한 고품질 단층 탄소나노튜브의 개발에 성공하고 수소 저장 성능에 관해서도 연구했다. 이 나노재료의 수소저장 용량 (mass capacity of hydrogen storage, in carbon nanotube)은 4%에 달한다.

나노 금속재료연구소에 있어서 중국 과학원 금속연구소 그룹은 세계에서 처음으로 나노금속의 기묘한 성능인 초소연신성(超塑延伸性)을 발견했다. 나노구리는 실온에서 50배 늘려도 끊어지지 않는다. 이 연구성과는 획기적인 발견으로서 "틈새 없는 나노재료가 얼마나 많이 변형될 수 있는지 처음으로 밝혔다"고 평가될 정도이다.

6) 중국과학기술대학의 업적

중국과학기술대학의 과학자들은 용제 열합성법을 발전시켜 질화갈륨 미세결정의 벤젠 열법을 개발하고, 약 300℃에서 처음으로 입자경 30nm의 질화갈륨 결정을 합성시켰다. 이 연구 그룹

은 비수열법을 써서 다이어몬드 분체를 만들어내어 경제효과가
좋은 기술 개발의 길을 열었다.

7) 과학원 화학연구소의 업적

중국과학원 화학연구소 그룹은 고분자 폴리머의 적층복합,
분자전자구조학, 플러렌 올레핀(Fullerene olefin) 화학과 물리 및 2
차원 시너지 나노 계면재료의 연구 등에서 지적소유권이 있는 기
술을 개발하고, 부분적으로 실용화 방향으로 발전시켰다.

8) 분체재료에 관한 과학원 고체물리연구소의 업적

나노과립(顆粒)과 나노분체재료 연구에서, 중국과학원 고체
물리연구소가 독자적으로 개발한 실리콘계 산화물(SiO_2-x)이 높은
비표면적($\sim 640m^2/g$)을 실현한 것은 특필할만하다. 이 연구소는
기업과 협력해서 100톤급의 생산라인을 만들어, 나노 항균은분말,
신형 플라스틱 첨가제, 기존 도료의 개질 등에서 중요한 성과를
올려 몇 종류의 상품을 시장에 출하했다.

9) 화동(華東)이공과대학의 업적

화동이공과대학은 초미세 활성탄산칼슘 3000톤/년 급의 대
규모 생산라인을 설치하고 국내의 공백을 메웠다.

10) 북경과학기술대학의 실적

북경과학기술대학은 나노 니켈분체 제조에서 실적을 쌓아
중국 내 최대급의 니켈전지제조회사와 일본의 신닛데쓰(新日鐵)에
제품을 납입했다.

11) 북경화공(北京化工)대학의 실적

북경화공대학은 1994년 나노과립의 초중력(超重力) 나노입자 합성법을 개량하여 초중력합성법으로 3000톤/년 급의 나노과립제조장치를 만들었다. 그 규모와 기술 양면에서 국내외를 리드하고 있다.

12) 천진(天津)대학의 실적

천진대학은 나노철분체공업화에 성공하여 나노금속분체 재료제조에서 중국을 세계 제2의 공업화 국가 지위에 올려놓았다.

13) 청도(靑島)화공학원의 실적

청도화공학원도 나노금속동(銅)계 촉매 연구에서 성공을 거두고 있다. 현재 중국 국내에서 1톤 이상의 생산능력이 있는 나노재료의 분체 생산라인은 이미 20 라인을 넘는다. 이곳에서는 나노산화물(나노산화아연, 나노산화티탄, 나노산화실리콘), 나노금속과 합금(은, 동, 코발트, 금, … 은·동합금, 니켈·알루미늄 합금, … 등등), 나노탄화물(탄화텅스텐탄분체, 탄화규소, … 등등), 나노질화물(질화규소, 질화알루미늄, … 등등) 등이 생산되고 있다.

14) 나노재료연구개발의 과제

나노재료연구개발의 현재상황을 보면 그 연구분야가 매우 넓어 연구자 수도 많고 연구개발에 관계하고 있는 기구도 다수 있으며, 상당한 실력도 가지고 있다. 그러나 나노재료연구개발의 기초시설이 비교적 약한 것, 나노재료의 설계능력과 신규개발능력이 강하지 못한 것, 생산규모가 비교적 적은 것, 독자적 지적 소유권이 많지 않은 것 등은 지적될 문제이다. 나노과학기술 연구성과를 생산력으로 전환시키기 위해서는, 나노재료 산업에 대한 투자를 증가시켜, 특히 나노과학의 공학적 연구와 나노재료의 응용기술연구를 강화할 필요가 있다. 산업화 경험이 있는 연구기구와 기업간의 협력을 촉진시켜 실험실 레벨의 기술을 생산력으로 전환시켜 경제 성장에 기여하지 않으면 안 된다.

23.2.2 나노디바이스

1) 양자(量子) 디바이스 연구

양자 디바이스 연구분야에서 중국의 과학자들은 온실단전자(溫室單電子) 터널효과, 단원자와 단전자 터널접합, 초고진공 STM 실온 쿨롱 블록케이드(Coulomb blockade)효과와 고성능 광전탐측기 및 원자 샌드위치형 초미세 양자 디바이스 등을 연구개발해 왔다.

2) 청화(淸華)대학의 업적

청화대학은 100nm(0.1μm)급의 디바이스를 개발하여, 실리콘계 마이크로센서, 마이크로마이크, 마이크로모터, 마이크로펌프 등의 기능소자와 나노미터 3차원 가공기술을 발전시키고 있다.

3) 과학원 반도체연구소의 업적

중국과학원 반도체연구소는 양자우물 적외선센서(13~15μm)와 반도체 양자점레이저(0.7~2.0μm)를 개발했다. 중국과학원 물리연구소는 실온에서 작동되는 단전자 디바이스의 원형 개발에 성공했다.

4) 서안교통(西安交通)대학의 업적

서안교통대학은 탄소나노튜브의 전계방출형 표시장치(field

emission display, FED)의 시험제작품을 만들어냈는데 그의 연속 가동시간이 3800시간에 이르렀다.

유기초고밀도 정보기억디바이스를 연구하는 중국과학원 북경진공물연구소와 화학연구소 및 북경대학의 연구자는 유기단체박막 NBPDA 위에서 다트 매트릭스를 형성하고, 그 다트의 직경은 1997년에 1.3nm, 1998년에 0.7nm, 2000년에는 0.6nm로 축소되었다. 이와 같이 정보 다트 직경은 국외에서 보도된 연구성과보다 1자리수나 작은데, 이것은 실용화된 광디스크의 기록밀도보다 약 100만배 높다. 북경대학은 Bicomponent 복합재료 TEA/TCNQ를 초고밀도 정보기록 디바이스 재료로 이용하여, 정보 다트가 8nm의 대면적 정보 다트 매트릭스(3nm×3nm)를 얻었다.

5) 복단(復旦)대학의 업적

복단(復旦)대학은 고속도, 고밀도, 메모리용의 안정된 Bi-stability 박막 개발에 성공하고, 또 유기나노 IC의 기초재료로서 여러 종류의 지적소유권을 가진 유기단분자 재료를 선택합성했다.

6) 나노디바이스 연구개발은 기초가 튼튼한 중점대학에 집중하고 있다

중국의 나노디바이스 연구개발 현황을 보면, 북경대학, 청화대학, 복단대학, 남경대학 그리고 중국과학기술대학 등 기초가 강하고 설비 인프라가 좋은 대학과 연구기관에 집중되어 있다. 그러나 이들 기관의 연구내용은 나노디바이스용 재료의 개발과 선별 및 새로운 물리현상에 머물러 있다. 나노디바이스의 원리와 구조 등에 관한 기초연구가 비교적 약하며, 나노디바이스에 관한 창조력도 강하지 못하다. 기술상의 난관을 돌파하기 위해서 중국은 나노디바이스 기초연구에 투자를 증가시키고, 기존의 실험설비와 연구조건을 개선하며, 연구기관의 협력체제를 강화시켜 상호보충을 통한 공동연구를 추진하지 않으면 안 된다.

23.2.3 나노구조의 계측과 관찰

1) 과학원 화학연구소의 업적

중국과학원 화학연구소와 북경진공 물리실험실은, 1990년대부터 이미 STM(주사터널현미경)을 이용하여 나노미터스케일로 원자레벨의 표면가공기술을 개발하기 시작했다. 연이어 결정체 표면에 'CAS', '중국(中國)'과 중국지도 등 문자와 도형을 새겼다. 중국과학원 화학연구소도 뒤이어 STM, AFM(원자간력현미경), BEEM, LT-STM, UVH-STM과 SNOM 등 나노미터급 관찰기기와 장치를 개발하여, 지적소유권을 가지고 있다.

개발된 나노미터 표면가공기술은 나노과학기술의 발전에 선도적 역할을 다했다. 최근 화학연구소는 단분자 과학과기술, 유기분자의 자기조직화 분야에서 상당한 성과를 거두었고, 분자디바이스에 관한 연구에도 착수했다.

2) 중국과학기술대학과 북경대학의 업적

중국과학기술대학은 규소 표면의 C_{60} 단분자 상태를 계측하여 분자디바이스 개발에 필요한 기본적인 데이터를 제공했다.

북경대학은 독자적으로 VHU-SEM-STM-EELS 온라인 시스템과 LT-SNOM 시스템을 개발하여, 완비된 근접장(近接場)광학현미경 시스템인 근접장분광과 일반광학시스템을 온라인으로 만들어 암세포의 형태를 관찰했다.

23.3 중국나노과학기술의 장래 전망

23.3.1 나노디바이스연구는 아직 약하다

중국의 나노과학기술 연구개발은 어느 정도 성과를 올려 탄소 나노튜브를 대표하는 나노재료 연구면에서는 세계적 선진그룹에 들었다. 그러나 나노디바이스 연구에서는 막 출발한데 지나지 않으며, 연구조건의 제약으로 연구능력이 상대적으로 약하다. 해야 할 일은, 국가적으로 공동이용기술 플랫폼(platform)을 세우고, 나노가공기술력을 높이며, 협력을 강화시켜 힘을 결속하고, 학제적 공동연구개발을 추진해야 할 것이다.

또한 나노재료연구에서 독창성이 있는 기초연구를 강화시키고, 응용연구와 개발연구에 투자를 증대시켜, 될 수 있는대로 빨리 산업화를 실현해야 할 것이다.

23.3.2 중국정부는 나노과학기술을 중요시하고 있다

중국정부는 과학기술분야에 있어서 나노과학기술을 가장 중요시하고 있다. 2000년 12월, 필자는 국가 과학기술 교육지도 그룹이 주최하는 과학기술강좌에서, 「나노과학기술의 발전과 장래」를 테마로 강연했다. 그후 중국정부는 과학기술부, 국가계획위원회, 교육부, 중국과학원, 중국공학원, 중국국가과학기금위원회 등으로 구성된 전국 나노과학기술지도협조 위원회를 설립하여, 전국의 나노과학기술연구 개발활동에 통일적이며 총괄적인 기획으로 관계 부문 간에 협력하도록 하고 있다.

23.3.3 기초연구와 응용연구 그리고 개발연구와 산업화의 균형이 중요

중국은 또 전국적인 나노과학기술 연구개발센터를 신설하고, 기업을 중심으로 한 산업화 거점을 만들어 기초연구, 응용연구, 개발연구와 산업화 연구가 균형을 이루도록 해야 한다. 금후 중국의 나노과학기술에 대한 투자는 이제까지보다 더 한층 증가할 것으로 보인다.

제24장
유럽 나노기술 연구개발의 현황

키워드

1) IBM 취리히 연구소
2) 주사프로브현미경
3) 원자·분자 조작
4) 테라비트급 AFM 메모리
5) 캔틸레버 센서
6) 자기조직화
7) 바이오칩
8) 의료와 나노
9) 태양전지

포인트는 무엇인가?

주사프로브현미경의 발명지인 IBM 취리히 연구소에서 탄생한 기술이 유럽의 전통적인 과학과 융합하여 나노 신소재, 나노바이오, 나노디바이스와 연결되는 기초연구가 스위스, 독일, 영국, 프랑스를 중심으로 전유럽이 네트워크를 이루어 진행하고 있다. 자금면에서는 EU 또는 각국의 공적기관이 프로젝트를 짜서 지원하고 있다. 그리고 나노과학기술의 발전을 통해 대서양의 거리가 점점 짧아져가고 있다.

24.1 주사프로브현미경(SPM)의 연구 개발은 나노과학기술의 강력한 수단

24.1.1 주사터널현미경(STM)의 발명이 가속시킨다

유럽에서는 1981년에 스위스의 취리히 교외 루실리콘에 있는

IBM 취리히연구소에서, Binnig와 Rohrer에 의해 주사터널현미경 (STM)이 발명된 이후 주사프로브현미경(SPM)에 관련된 연구는 지금까지도 왕성하게 진행되어 세계를 리드해 왔다. SPM은 ① 나노미터차원의 탐침, ② 시료 표면상의 탐침이 원자스케일 이상의 정밀도로 주사할 수 있는 피에조스캐너(piezo scanner), ③ 탐침-시료 표면간의 물리적 근거리 상호작용 (예를 들면 터널전류, 원자간력, 근접장광 등)을 이용하여 탐침-시료 표면 간의 거리를 제어함으로써 지형상(地形像)을 그리거나 근거리 상호작용 자체를 원자스케일로 연구하는 것이다.

24.1.2 기타의 대표적인 것으로서의 원자간력(原子間力) 현미경

대표적인 SPM에는 STM, 원자간력현미경(AFM), 주사근접장광학현미경(SNOM/NSOM)이 있다. 현재 SPM은 현미경으로서만 아니라 원자스케일의 가공(원자와 분자의 조작)에도 응용되며, 예를 들면 원자에 의한 문자 써넣기와 읽어내기(원자·분자기록), DNA의 절단 등에도 시도되고 있다.

관련기술로서는 독립적으로 조작 가능한 수천개의 AFM 탐침을 병렬로 제어하여 나노스케일로 써넣기·읽어내기를 할 수 있는 하드디스트를 대신하는 차세대 테라비트급 고속·고밀도 기록의 개발·실용화 연구(http://www.zurich.ibm.com/st/index.html)도 상기 IBM 취리히연구소를 중심으로 진행되고 있다.

24.1.3 캔틸레버의 역할

이 외에, AFM의 힘 검출에 쓰는 마이크론 크기의 캔틸레버(판스프링)는 판(板)의 양면에 열팽창계수가 다른 재료를 갖춤으로써 초소형·고감도 온도센서로서 이용할 수 있다. 또한 판스프링 양면 중에 한쪽면에만 있는 목적물질이 선택적으로 흡착되도록 설계하면, 흡착에 의한 표면장력의 변화로 판스프링이 휘어지므로, 극미량의 화학물질을 검출하는 센서로 응용할 수 있다.

캔틸레버 센서의 구체적 예로서는 극미량 물질의 열량분석, 초고감도 개스센서 (인공후각센서), DNA의 하이브리다이제이션에 의한 고선택적 흡착을 이용한 극미량의 초고감도 DNA센서 등을 열거할 수 있다. 현재 이런 종류의 센서를 대상으로 한 국제회의도 매년 개최되어[주1], 제조방법·검출방법 뿐만 아니라, 공업계측분야와 식품, 의약품 등의 바이오분야에서 응용연구가 왕성하다.

이 캔틸레버의 집적화는 관찰·기록뿐만 아니라 가공·조작기술 면에서도 헤아릴 수 없는 혁명을 가져오게 될 것이 예상된다.

24.2 신재료분야

24.2.1 반도체 디바이스, 플러렌 등의 연구

이상은 주로 SPM기술에서 본 나노기술의 동향이었다. 신재료과학분야에서는 반도체 디바이스의 초고밀도화와 고속화가 끝없이 추구되고 있다. 가까운 장래에 탑다운적인 제조법은 한계에 달할 것이므로 다른 제조방법으로 그 접근이 상당히 연구되고 있다.

즉 디바이스에 이용할 수 있는 단위(요소)를 미리 만들어 놓고, 이들을 조립해가는 방식인 바틈업법을 연구 하고 있는 것이다. 이를 위해서는 나노미터 크기의 치수를 갖고 있으면서 안정되고 고도의 기능을 가진 물질이 바람직하다. 예를 들어 탄소나노튜브는 화학적으로도 안정되고, 전자수송능도 금속적 거동을 하는 것에서 반도체적 거동을 하는 것까지 자유로 만들 수 있다. 따라서 튜브 상이나 구상을 갖는 나노미터 크기의 신재료 제조가 미국이나 일본과 같이 상당히 왕성하게 연구되고 있다. 구상의 것으로는 탄소로 된 플러렌(C_{60})이나 금(金) 등의 금속초미립자(나노크리스탈)가 제조·구조·물성 면에서 정력적으로 연구되고 있다.

이들 나노신소재의 제조와 조립의 기초가 되는 개념에 '자기조직화(自己組織化) 자기집합화(自己集合化)'가 있다. 유럽에는 콜로이드(colloid)과학의 오랜 전통이 있고, 근년에는 불라서의 Lehn 등의 초분자(超分子) 연구의 역사가 있어 자기조직화·나노신재료 창성(創成) 연구에서도 우수한 연구성과가 많이 나오고 있다.

24.2.2 나노신소재와 나노바이오 연구도 중요

나노신소재연구의 중요한 또 한가지 측면으로서 종래 연구된 일이 없는 신물질과 그의 신규기능의 발견이 나노스케일 재료분야에서 기대되고 있는 것을 강조해 두고 싶다. 그리고 사람의 모든 유전자가 해독된 지금, 유전자와 병(病)과의 관계를 규명하고, 이를 근거한 의약품의 개발(지놈제약) 등에서 각국이 지적재산의 창출경쟁을 치열하게 하고 있는 것을 보면, 나노신소재와 나노바이오의 연구가 극히 중요한 국가전략 연구과제로가 된 것은 쉽게 이해가 된다.

이하에서는 저자의 흥미에 따라, 주로 SPM 관련 연구프로젝트의 연구동향을 소개한다. 유럽의 나노기술 전분야에 걸친 연구동향을 소개한 기사(주2)는 다른 데에도 있으며, 재료면의 동향이나 바이오 관련 및 네트워크 형성(주3)에 관해서는 이들 문헌도 참조할 것을 권한다.

24.3 유럽연합(EU)의 제5차, 제6차 연구계획

24.3.1 글로벌(global)한 연구체제

유럽연합(EU)에서는 1998년부터 2002년까지 제5차 연구계획을 수행하고 있다. 주요 내용은 생활의 질적 개선, 정보사회기술, 경쟁력 있는 지속가능한 성장, 인간이 가진 가능성의 개선으로 나노기술의 교육면을 지원한다는 것이다. 진단툴(診斷 tool)에 의한 질병의 검출, 의료디바이스(醫療裝備), 바이오 분자칩 등이 테마로 되어 있다.

2003년부터 시작한 제6차 연구계획에서는 13억 유로(약 1조 7000억원)을 투입하여, 나노기술 연구에서 유럽 연구영역을 실현하고 있다. 여기서는 대서양 횡단 협력이 하나의 아이디어로 부상하고 있다. 현단계에서는 미국과의 협력이다. 스위스에서는 일본과도 '일본-스위스 나노과학 워크샵'을 개최하는 등 협력연구를 진행하고 있다. 이 외에 스위스, 영국, 독일을 중심으로 산학관의 나노기술 연구개발의 기반정비에 힘을 쏟고 있다.

24.3.2 나노기술로 업적을 올리는 대학과 연구소

나노기술에 대한 기초연구로 실적을 올리고 있는 대학이 유럽에는 많이 있기 때문에 이를 대학이 나노기술 연구 네크워크의 거점으로 되어 있다. 예를 들면 스위스 바젤대학, 스위스 연방공과대학, 영국의 케임브리지대학, 옥스퍼드대학, 독일의 함브르그대학, 뮨스터대학, 뮌헨대학 등이 활발히 그 거점을 구축하고 있다. 국가별로는 이들 대학과 관계연구소 그리고 기업이 서로 효과적인 연구협력체제를 이루어, 각국의 기존 산업구조의 강점을 살린 형태로 특징있는 나노기술 개발을 목표를 다음과 같이 계획하고 있는 것이 현재상황이다.

24.4 유럽의 나노연구 현황

24.4.1 스위스

1) 탑나노21(TOPNANO 21) (2000~2003년)

TOP은 technology of program의 약자이고, NANO는 나노미터, 21은 21세기이다. 이 프로그램의 주요한 목적은 학계와 산업계가 협력하여 학계의 지식을 산업계에 이전하는 것, 즉 나노미터 과학의 영역을 확대하여, 나노미터 베이스의 신기술 개발과 응용을 통해 스위스 경제를 강화한다는 것이다. 이미 나노입자나 재료, 나노입자의 생산, 촉매나 코팅, 광학 특성, 에너지 관련 연구, 태양전지, 탄소나노튜브, 복합재료의 강화, 의료, 바이오, 환경, 정보 등 넓은 분야에서 성과가 나오고 있다.

예를 들면 탄소나노튜브의 전자 방출 성질을 이용한 형광램프 프로젝트가 있는데 나노라이트라는 벤처기업이 이미 생겼다. 수은을 사용하지 않는 점에서 기존 시스템에 대한 이점이 있다. 이 외에도 자기공명력현미경, 나노트라이발러지(nanotribology), 나노복제, 나노광학, 자기조직화에 관한 프로젝트도 진행하고 있다. (홈페이지 : http//www.ethrat.ch/topnano21/English/)

2) NCCR : National Centre of Competence in Research, Nanoscale Science-Impact on Life Sciences, Sustainability, Information and Communication Technologies(2001-2010년)

바젤대학은 스위스 연방공과대학을 비롯한 여러 대학 및 정부 연구소나 IBM 연구소와 공동연구를 진행하고 있다. 생명과학, 분자역학, 나노로보틱스, 양자컴퓨터, 나노재료 등이 주 대상이며, 이들에 대한 10개의 프로젝트가 있다. 프로젝트 내용은 의학의 나노기술·나노툴, 세포·분자 생물학을 위한 나노기술, 양자컴퓨팅, 분자역학·디바이스, 스핀 일렉트로닉스, 측정의 궁극적 한계 등이다.

(홈페이지 : http://www.nanoscience.unibas.ch/)

24.4.2 독일 나노코스모 프로젝트
(Nanocosmo Project)(1999~2003년)

1998년 독일의 교육 연구성은 다음 6개 연구 테마로 네트워크 연구 조직을 만들었다.(홈페이지 : http://www.nanonet.de/)

1) 수평방향 초미세구조의 제조와 이용
2) 초미세구조의 옵토일렉트로닉스 응용
3) 초박막층
4) 화학에 의한 나노기술과 분자 아키텍츄어
5) 초정밀 표면가공
6) 나노스케일 구조의 측정과 분석

관계기관은 함브르크대학, 뮤스터대학, 뮌헨대학, 뮌헨공과대학, 막스프랑크연구소 등이다. 특히 6번째 나노스케일 구조의 측정과 분석 프로젝트에서는 함브르크대학, 뮤스터대학, 뮌헨대학에 연구 거점을 놓고 SPM측정 서비스를 하고 있다. (홈페이지 : http://www.nanoanalytics.de/).

위의 서비스 외에 교육, 민간기업과의 관계 강화에도 힘을 쏟고 있다.

24.4.3 영국

IRC(Interdisciplinary Research Collaboration) for Nanotechnology(2001~)

영국에서는 공립기관인 공학·자연과학연구회의(EPSRC)를 중심으로 나노기술과 관련된 폭넓은 분야에 대하여 연구자를 지원해왔다. 2002년부터 케임브리지대학과 옥스퍼드대학에 중점적으로 공적연구비를 투입하여 나노기술 연구를 지원하고 있다. IRC는 케임브리지대학을 중심으로 한 연구프로젝트로, 케임브리지대학에서 4명, 런던대학 유니버시티 칼리지에서 2명, 브리스톨대학에서 1명 모두 7명의 교수가 기간연구원으로서 참가하여, SPM관련 나노기술연구에 참가하고 있다 (홈페이지:http://www-g.eng.cam.ac.yk/nano/).

한편 옥스퍼드대학에서는 생물과학 관련 연구를 중심으로 연구조직을 만들어 가고 있다. (홈페이지 : http://www.ox.ac.uk/ 및 http://www/admin.oc.ac.uk/po/010618.htm).

24.4.4 기타 유럽의 현황

이 외에 유럽의 IST(Information Society Technology) 나노기술 관련 프로그램은 다음과 같다.

1) Europäische Commission(Allgemeine Informationen)
   : http://www.cordis.lu/ist/

2) Future and Emerging Technologies(FET)
   : http://www.cordis.lu/ist/fethome.htm

3) Nanotechnology Information Device(NID)
   : http://www.cordis.lu/ist/fetnid.htm

4) Optoelectronics Interconnects for Integrated Circuits(OPTP)

: http://www.corids.lu/esprit/src/melari.htm#optp
5) Nano-Scale Integrated Circuits(NANO)
: http://www.corids.lu/esprit/src.melari.htm#nano

제25장
미국의 나노기술 연구개발 현황

키워드

1) NNI(National Nanotechnology Initiative)
2) 클린턴 대통령   3) 면밀한 과학기술정책
4) 공동연구의 추진   5) 학제(學際)연구의 추진
6) 인프라의 정비   7) 정보
8) 바이오기술   9) 벤처의 육성

포인트는 무엇인가?

미국의 나노연구는 1990년대 초까지만 해도 일본에 비해 반드시 앞서 있었다고 말할 수 없다. 그러나 1993년 정부 내에 NSTC(국가과학기술자문회의)를 설치하고 주도면밀하게 전세계의 연구동향을 조사했다. 미국은 지난 2,000년부터 국가나노기술전략(NNI:National Nanotechnology Initialive)을 강력히 추진하고 있다. 연구는 광범위하여 나노기술에 관한 전분야를 지원하고 있다. 특히 몇 가지 거점 만들기를 비롯하여 인프라의 정비, 교육 및 벤처의 육성에도 힘을 쏟고 있다.

25.1 미국의 국가 나노기술전략

25.1.1 클린턴 전 대통령이 세운 나노기술국가전략
미국은 지금 국가나노기술전략(NNI)를 강력히 추진하고 있다.

이것은 2000년 1월 클린턴 정부가 발표한 "앞으로 거국적으로 나노기술분야의 추진을 장기에 걸쳐 계획·지원한다"라는 기본방침에 의거하고 있다. NNI 발표가 2000년 1월 21일 캘리포니아 공과대학에서 이루어진 것도 의미 깊다. 이 발표가 나오면서 세계 각국의 나노기술개발 경쟁은 세계적인 규모로 본격화 했다. 온 세계가 가까운 장래에 21세기를 끌어갈 새로운 산업혁명을 필요로 하고 있으며, 그 불씨를 나노기술분야에서 찾을 것이라고 강력히 기대하고 있다.

25.1.2 NNI 발표 이전의 2개의 보고

이 NNI가 발표되기 전에 미국 정부는 2개의 보고서를 출판하고 있다.

1) Nanostructure Science and Technology

그 하나는 「나노구조 과학과 기술－전 세계적 연구 (Nanostructure Science and Technology－A Worldwide Study)」이다. NNI를 시작하기 전에 클린턴 정부는 1993년에 NSTC(National Science and Technology Council)를 발족시키고 앞으로의 과학기술 정책으로서 정보기술과 건강에 관한 연구와 기초연구의 강화를 국가 중점 연구 대상으로 할 것을 결정했다. 그 과정에서 나노재료의 합성과 조직화, 분산과 코딩, 고표면적 재료, 기능적 나노스케일 소자, 나노구조 물질의 거동, 나노입자·나노구조물질·나노디바이스와 바이오 세계의 나노기술 연구동향을 미국을 포함한 공업선진국(유럽, 일본, 대만 등)을 중심으로 상세히 조사 정리한 것이다. 이 보고서는 300페이지 이상의 우수한 내용을 담고 있으며 1999년 9월에 출판되었다.

(홈페이지 : http://itri.loyola.edu/nano /final/).

2) Nanotechnology Research Directions : IWGN Workshop Report

두 번째는 「Nanotechnology Research Directions : IWGN (Interagency Working Group on Nanoscience, Engineering and Technology) Workshop Report - Vision for Nanotechnology R&D in the Next Decade」로서, NNI를 발족시키기 위한 정책을 정리한 전 12장으로 된 200페이지 이상의 보고서이다. 이 보고서도 1999년 9월에 출판되었다.

(홈페이지:http://itri/loyola.edu/nano/IWGN.Reaearch.Directions).

이 보고서를 받고 발족한 것이 NNI이다. 상세한 것은 2001년 도의 대통령 예산 보조자료(NNI-다음의 산업혁명을 이끌어가는 -)가 2000년 2월에 상기 NSTC의 IWGN에 의하여 보고되고, 다시 2000년 6월에도 NNI의 실행계획이 나와 있으므로 참조하면 좋다. 100페이지와 142페이지로 된 이 보고서는 누구나 엑세스할 수 있도록 되어 있다.

(홈페이지 : http://www.nano.gov)

이 외에 전미과학재단(NSF)의 홈페이지(http://www.nsf.gov)에서도 직접 액세스할 수 있도록 되어 있다. 특히 전미과학재단의 '나노스케일의 과학과 기술부문'(http://www.nsf.gov/home/crssprgm/nano/)에 액세스하면 간결한 「나노기술의 정의」와 260페이지 이상의 「나노과학과 나노기술의 사회와의 관계」 등의 자료를 읽을 수 있다.

25.1.3 NNI의 5개 활동과 실제 시행

이 미국의 NNI에서는 2010년에 있어서의 국제경쟁력을 확보하기 위하여 크게 나누어 5가지 활동을 실시하고 있다.

1) 기초 연구의 추진

나노기술개발을 떠받치는 나노스케일 세계의 기본적 이해를 생명, 물질·재료, 디바이스·시스템, 환경 그리고 이론의 각 분야의 몰두가 필요하다.

2) 도전적 연구의 추진

나노구조재료, 나노전자공학, 건강관리와 의료기술, 환경개선을 위한 기술, 에너지변환·저장기술, 우주개발기술, 바이오센서 기술, 교통수단을 위한 기술, 국방에 이용되는 기술을 중요 분야로 하고 있다.

3) COE 및 네트워크의 구축

국립나노기술센터를 설립하여 나노기술 연구와 교육을 지원한다.

4) 연구기반 정비

나노계측기술, 연구설비와 환경, 모델링, 시뮬레이션 기술을 정비한다.

5) 사회, 윤리, 법 정비와 교육 및 훈련

나노과학교육, 학제적 교육, 기능 노동자 교육을 실시하고 젊은 연구원을 지원한다.

25.1.4 5개의 활동을 지원하는 기관

1) 6개의 기관

위의 5개의 활동을 지원하는 기관은 ① 전미과학재단
(NSF), ② 미국국방성(DOD), ③미국에너지성(DOC), ④ 미국항공
우주국(NASA), ⑤ 미국국립위생연구소(NIH), ⑥ 미국국립표준기
술연구소/미국상무성(NIST/DOC) 등 6개이다.

2) 자금원조정책

어떤 프로그램이 현재 진행되고 있는지, 어느 그룹이 자금
을 지원받아 현재 어떤 연구하고 있는지 등에 대해 상세한 정보
를 얻고 싶은 사람은 각 기관의 홈페이지에 액세스하면 된다.

예를 들어 전미과학재단에서는 Nanoscale Interdisciplinary Research
Team(NIRT), Nanoscale Exploratory Research (NER), Nanoscale
Science and Engineering Centers (NSEC) 3개가 NSE(나노스케일의
과학과 기술) 프로그램으로서 진행되고 있다.

이 외에 '나노스케일의 모델링과 시뮬레이션', '나노스케일 바이
오시스템의 개발 연구', '기능성 나노구조체의 합성·제조·응용'
등의 프로그램도 진행되고 있다. 또한 미국의 특징적인 '소기업
기술이전'의 프로그램도 동시에 진행되고 있으며, 기업 스스로 또
는 대학과 기업의 공동연구도 추진하고 있다. 단 '소기업을 위한
혁신적 연구'에 대한 상세한 내용은 유감스럽게도 공개되어 있지
않다.

25.1.5 나노기술분야의 2가지 역할

나노기술분야의 커다란 특징은 2가지가 있다.

1) 하나는 나노스케일 기술은 기초 연구가 폭 넓게 융합하고

있다는 것이다.

2) 두 번째는 종래의 마이크로 스케일 연구분야의 기초와 응용 구별이, 나노기술분야에서는 명확하지 않게 되어, 기초와 응용이 서로 표리관계에 있으므로 양자를 일체로서 파악해야 한다는 것이다. 미국의 NNI는 이와 같은 특징을 근거로 하여, 교육연구기관의 학제적 협력체제에 의한 인재양성을 대단히 중요시하고 있다. 그리고 한편에서는 기존 인재의 효과적인 활용도 배려하여, 산학관(産學官)이 활발히 교류하도록 힘을 쏟고 있다. 발족한지 3년 정도 경과하였지만, 미국에서 학회발표를 들으면, 1999년에 출판된 NSTC 보고서가 예상했던 것보다 더 많은 성과를 얻고 있으며, 또한 전국적인 공동연구도 착실하게 진행되고 있음을 알게 된다.

25.1.6 나노기술의 구체적인 달성목표

NNI는 나노기술을 넓게 그리고 빨리 구석구석까지 침투시키려는 노력을 중요시하고 있다. 위에 언급한 보조자료는 어느 것이나 우수한 계몽서로 되어 있다. 나노기술분야가 발전함에 따라 어떤 신기술이 실현가능할지에 대해 구체적인 달성목표까지 알기 쉽게 열거해 놓고 있다.

1) 국회도서관의 정보가 모두 들어가는 각 설탕 크기의 기억장치

2) 철의 10배 강도를 갖는 신소재

3) 컴퓨터 처리를 수백배 향상시키는 소자

4) 암세포를 발견하여 표적 공격하는 약

5) 에너지 변환효율을 2배 높인 태양전지

등이다.

25.2 미국의 연구 방향

이와 같은 미국 NNI의 보고서는 필연적으로 성장해갈 나노기술분야의 10년 후, 20년 후를 확실하게 보여준다. 일부 연구는 일본이 지금도 선행하고 있고, 이제부터의 연구성과가 기대된다. 분명히 나노기술은 바이오 기술, 신소재, 나노전자공학, 정보, 에너지, 환경, 어느 것이나 21세기에 중요한 역할을 다해갈 것이다.

〈참고문헌〉

(주1) International Conference on Scanning Probe Microscopy, Sensors and Nanostructures. 국제회의 Proceedings 매년 Ultramicroscopy에 게재되어 있다. 홈페이지 : http://spm.pht.bris.ac.uk/
(주2) 日経ナノテクナテク年鑑 2001/2 日本経済新聞社
(주3) 下村政嗣, 高分子, 50, 300 (2001)

(藤平正道)

집필자 소개

塚田 捷　　　　東京大學 대학원 이학계 연구과 · 교수 (물리학 전공)
(Tsukada, M.)　　1970 東京大學 대학원 이학계열 (이학박사)

河津 璋　　　　明治大學 이공학부 객원교수 · 전 東京大學 교수
(Kawazu, A.)　　1961년 東京大學 공학부 응용물리학과 (공학박사)

和田恭雄　　　　(주)日立製作所 기초연구소 주임연구원
(Wada, Y.)　　　1971, 東京大學 대학원 공학계 연구과 공업화학전공 (공학박사)

渡辺 聰　　　　東京大學 대학원 공학계 연구과 재료학 전공 조교수
(Wadanabe, S.)　1989년 東京大學 대학원 이학계 연구과 물리학 전공 (이학박사)

靑野正和　　　　大阪大學 대학원 공학연구과 교수 (겸임 理化學硏究所 주임 연구원)
(Aono, M.)　　　1972년 東京大學 대학원 공학계 (공학박사)

寺部一弥　　　　물질 · 재료 연구기구 나노재료 연구소 특별 연구원
(Terabe, K.)　　1992년 名古屋 工業大學 박사후기과정
　　　　　　　　물질공학전공 (공학박사)

長谷川剛　　　　理化學硏究所 표면계면공학 연구실 선임 연구원
(Hasegawa, T.)　1987년 東京工業大學 대학원 총합 이공학 연구과 석사

中山知信　　　　理化學硏究所 표면계면공학 연구실 부주임 연구원
(Nakayama, T.)　1988년 東京工業大學 대학원 총합 이공학 연구과 석사
　　　　　　　　1999년 이학박사 (東京大學)

小森文夫　　　　東京大學 물성연구소 조교수
(Komori, F.)　　1983년 東京大學 대학원 이학계 연구과 물리학 전공 (이학박사)

舛本泰章　　　　筑波大學 물리학계 교수
(Masumoto, Y.)　1977년 東京大學 대학원 물리학 전공 (이학박사)

春山純志　　　　靑山學院大學 이공학부 전기전자공학과 물성계 조교수
(Harayama, J.)　1985년 早稻因大學 이공학부 응용물리학과 (공학박사)
　　　　　　　　1995～1997년 Univ. of Toronto 및 Onrario Laser and Lightwave
　　　　　　　　Research Center 객원 연구원

齋藤 晋　　　　東京工業大學 대학원 이공학 연구과 물성물리학 교수
(Saito, S.)　　　1982년 東京大學 대학원 공학계 연구과 물리공학 전공 (공학박사)
　　　　　　　　日本電氣 기초연구소 연구원, 캘리포니아大 버클리교 물리학과 연구원

吉信 淳　　　東京大學 물성연구소 조교수
(Yoshinobu, J.)　1989년 京都大學 대학원 이학연구과 화학 전공 (이학박사)

小川琢治　　　愛知大學 이학부 조교수
(Ogawa, T.)　1984년 京都大學 대학원 이학연구과 (이학박사)

根城 均　　　물성·재료 연구기구 나노 디바이스 연구 그룹
(Nejo, H.)　1977년 東北大學 이학부 물리학과 (이학박사·동경대)

村尾美緒　　　東京大學 대학원 이학계 연구과 물리학 전공 조교수
(Murao, M)　1991년 御茶ノ水好大學 졸업
　　　　　　1996년 御茶ノ水好大學 대학원 (이학박사)

藤田博之　　　東京大學 생산기술 연구소 교수
(Fujita, H.)　1980년 東京大學 대학원 공학계열 연구과 전기공학전공 (공학박사)
　　　　　　동부속 마이크로 메카트로닉스 국제연구센터장

小畠英理　　　東京工業大學 대학원 생명이공학 연구과 조교수
(Kobatake, E.)　1986년 京都大學 대학원 공학연구과 수료
　　　　　　1990년 東京工業大學 대학원 박사과정 수료

猪飼 篤　　　東京工業大學 생명 이공학 연구과 교수
(Ikai, A.)　1965년 東京大學 이학부 졸 (Duke 대학 박사과정 수료)

大谷文章　　　北海道大學 촉매화학연구센터 교수
(Otani, B.)　1985년 京都大學 대학원 석유화학 전공 (공학박사)

寺崎 治　　　北海道大學 대학원 이학연구과 물리 교수
(Terasaki, O.)　1967년 東北大學 이화학연구과 물리전공 (석사)

宝野和博　　　물질·재료 연구기구·재료 연구소 물성 해석 연구 그룹·서보그룹
(Hono, K.)　리더
　　　　　　1982년 東北大學 공학부 금속재료공학과 졸업(펜 스테이트 대학 대학
　　　　　　원 금속공학 전공)

藤平正道　　　東京工業大學 대학원 생명 이공학 연구과 교수
　　　　　　1966년 横浜國立大學 응용화학과 졸업
　　　　　　1971년 東京大學 대학원 공업화학 전공 (공학박사)

白 春礼　　　中國科學院 副院長·中國化學會 이사장
　　　　　　1978년 北京大學化學部 졸. 중국과학원 원사
　　　　　　중국과학원 나노과학기술센터 학술위원회 주임 등 공직 담당

張 可喜　　　新華通信社 東京지국 특파원
　　　　　　1966년 北京大學 東方言語學部 졸업

역자약력

최진호 1970, 1972.2 연세대학교 화학공학 학사, 석사

    1974.10~1975.9 일본東京工業大學 국제대학원 화학 및 화공과정(diplom)

    1976.10~1979.5 독일 뮌헨대학교 무기화학 이학박사

    1991.9   일본東京工業大學 材料工學 공학박사

    1981.9~현재 서울대학교 화학과 조교수, 부교수, 교수

    1985.9~1986.9 프랑스 보르도 1 대학교 고체화학연구소 객원교수

    1996.9   나누포어, 나노입자 등 국제심포지움 조직위원장

    2001.11~현재 국가과학기술위원회 나노과학기술 전문위원

    2002.3~현재 국제학술지 편집위원 및 자문역, Solid state science

이희철 1974~1978 서울대학교 공과대학 전자공학과 공학사

    1984~1986 일본 東京工業大學 전자공학 전공 공학석사

    1986~1989 일본 東京工業大學 반도체 전공 공학박사

    1989.3~현재 한국과학기술원 전자전산학과 교수

    1998. ~현재 미국 SPIE학회 Program committee 위원

    2001.9~2002.7 대덕 나노 Fab 유치 실무 위원회 위원장

    2002.8~현재 나노종합 Fab 센터 구축사업단 부단장

    2003.1~현재 한국과학기술원 나노과학기술연구소 소장

변문현 1957.4   서울대학교 공과대학 기계공학과 공학사

    1959.4   서울대학교 대학원 기계공학과 공학석사

    1980~1985 일본 東京大學 精密機械工學科 공학박사

    1975~1998 충남대학교 공과대학 기계설계공학과 부교수, 교수

    1991~1993 대한기계학회 생산 및 설계공학 부문 위원장

    1992~1994 충남대학교 공과대학 부속 산업기술연구소 소장

    1995~1999 한국 CAD/CAM 학회 고문

    1998.2.~현재 충남대학교 정년퇴임, 명예교수

나노테크놀러지 최전선 기술

초판 2004년 4월 25일
2쇄 2005년 3월 15일

共編著 塚田 捷 河津 璋
共 譯 최진호 이희철 변문현
펴낸이 손 영 일

펴낸곳 전파과학사
출판 등록 1956. 7. 23(제10-89호)
120-824 서울 서대문구 연희2동 92-18
전화 02-333-8877 · 8855
팩시밀리 02-334-8092

ISBN 89-7044-237-5 0350

Website www.s-wave.co.kr
E-mail s-wave@s-wave.co.kr